高等院校科学教育专业系列教材

总主编 林长春 蒋永贵 黄 晓

基础物理实验

主 编 侯红生 许 兰

副主编 安学民 杨淑敏 林洽武 李朝阳

编 委 吴浩闯 董晓云 文 姣 张 云

李玉科 祝宇红 李 璇 庞嘉璐

西南大学出版社

国家一级出版社 全国百佳图书出版单位

图书在版编目(CIP)数据

基础物理实验 / 侯红生, 许兰主编 . -- 重庆 : 西南大学出版社, 2024.5
ISBN 978-7-5697-2122-5

Ⅰ.①基… Ⅱ.①侯… ②许… Ⅲ.①物理学—实验—高等学校—教材 Ⅳ.①O4-33

中国国家版本馆 CIP 数据核字(2024)第 104198 号

基础物理实验
JICHU WULI SHIYAN

侯红生 许 兰 主编

总 策 划:杨 毅 杨景罡 曾 文

执行策划:周明琼 翟腾飞 尹清强

责任编辑:周明琼

责任校对:尹清强

装帧设计:⌒ 起源

排 版:贝 岚

出版发行:西南大学出版社

地址:重庆市北碚区天生路2号

邮编:400715

市场营销部电话:023-68868624

印 刷 厂:重庆三达广告印务装璜有限公司

成品尺寸:185mm×260mm

印 张:14.75

字 数:341千字

版 次:2024年5月 第1版

印 次:2024年5月 第1次印刷

书 号:ISBN 978-7-5697-2122-5

定 价:48.00元

编委会

序

　　科技是国家强盛之基。根据国家战略部署，我国要推进科技自立自强，到二〇三五年，科技自立自强能力显著提升，科技实力大幅跃升，建成科技强国。党的二十大报告明确提出"教育、科技、人才是全面建设社会主义现代化国家的基础性、战略性支撑"。习近平总书记指出："要在教育'双减'中做好科学教育加法，激发青少年好奇心、想象力、探求欲，培育具备科学家潜质、愿意献身科学研究事业的青少年群体。"

　　世界科技强国都十分重视中小学科学教育。我国自2017年以来，从小学一年级开始全面开设科学课，把培养学生的科学素养纳入科学课程目标。这标志着我国小学科学教育事业步入了新的发展阶段。

　　高素质科学教师是高质量中小学科学教育开展的中坚力量。为建设高质量科学教育、发挥科学教育的育人功能，需要培养和发展一大批高素质的专业科学教师。2022年教育部办公厅印发的《关于加强小学科学教师培养的通知》提出"从源头上加强本科及以上层次高素质专业化小学科学教师供给，提高科学教育水平，夯实创新人才培养基础"。围绕这一建设目标，进行高质量科学教师培养具有重要的现实意义。而培养高素质的科学教师，需要高质量的教材作为依托。

　　为此，西南大学出版社响应国家号召，以培养高素质中小学科学教师为目标，组织国内相关领域专家精心编写了这套"高等院校科学教育专业系列教材"。这套教材内容紧密对接科学前沿与社会发展需求，紧跟科技发展趋势，及时更新知识体系，反映学科专业新成果、新思想、新方法。同时，这套教材充分考虑教学实践环节的设计，通过实验指导、案例分析、项目研讨等形式，使学生在"做中学"，在实践中深化理论认识，提升科研技能。另外，这套教材秉持科学精神内核，将严谨的科研方法、科学发展的历史脉络、科学家的创新故事等融入各章节之中，培养学生的专业知识与技能、科学实践能力、科学观念、科学思维、科学方法、科学态度等。

该套教材走在了时代前沿，以培养高素质科学教育师资为宗旨，融思想性、科学性、时代性、创新性、系统性、可读性为一体，可供高等院校科学教育专业、小学教育（科学方向）的大学生学习使用，也可以作为在职科学教师系统提升专业素养的继续教育教材和参考读物。

　　我相信，通过对这套教材的系统学习，大学生和科学教师们将能够领略到科学的魅力，感受到科学的力量，成为具备科学素养和创新精神的新时代高素质中小学科学教师，为加强我国中小学科学教育，推进我国科技强国建设做出应有的贡献。

中国科学院院士，中国科学院古脊椎动物与古人类研究所研究员

2024年5月

编者的话

进入21世纪，我国于2001年开启了第八次基础教育课程改革。本次课程改革的亮点之一是在小学和初中首次开设综合性课程——科学。科学课程涉及物质科学、生命科学、地球与宇宙科学等自然科学领域，这给承担科学课程教学任务的教师提出了严峻的挑战。谁来教科学课？这对以培养中小学教师为己任的高等师范院校提出了新的时代要求，同时也为其创造了发展机遇。时代呼唤高校设置科学教育专业以培养专业化的高素质综合科学师资。在这一时代背景下，重庆师范大学在全国率先申报科学教育本科专业，并于2001年获得教育部批准，2002年正式招生。此后，全国先后有不少高等院校设置了科学教育专业。截至2024年4月，教育部批准设置科学教育本科专业的高等院校达到99所，覆盖全国31个省（区、市）。20余年来，高校对科学教育专业人才培养进行了不少的探索与实践，为基础教育科学课程改革培养了大批高素质专业化的师资队伍，为推进科学课程的有效实施作出了应有的贡献。但长期以来，科学教育专业人才培养存在一个非常大的困境，就是科学教育专业使用的教材均为物理、化学、生物、地理等专业本科课程教材，缺乏完整系统的科学教育专业教材，导致科学教育专业人才培养的教材缺乏针对性、实用性。

教材是课程实施的重要载体，是高等院校专业建设最基本和最重要的资源之一。2022年1月16日，由重庆师范大学科技教育与传播研究中心主办、西南大学出版社承办的"新文科背景下融合STEM教育理念的科学教育专业课程体系及教材建设研讨会"在西南大学出版社召开。来自西南大学、重庆师范大学、浙江师范大学、河北师范大学、杭州师范大学、湖南第一师范学院等近30所高等院校80余名科学教育专业的专家、学者，以及西南大学出版社领导和编辑参加了线上线下研讨。与会者基于高等教育内涵式发展、新文科建设、科学教育专业发展需求，共同探讨了科学教育专业课程体系，专业教材建设规划，教材编写的指导思想、理念、原则和要求等问题。在此基础上，成立系列教材编委会。在教材编写过程中，我们力求体现以下特点：

第一，科学性与思想性结合。科学性要求教材内容的层次性、系统性符合学科逻辑；内容准确无误、图表规范、表述清晰、文字简练、资料可靠、案例典型。思想性着力体现"课程思政"，在传授科学理论知识的同时，注意科学思想、科学精神、科学态度的渗透。

第二，时代性与创新性结合。教材尽可能反映21世纪国内外科技最新发展、高等教育改革趋势、科学教育改革发展、科学教师教育发展趋势，以及我国新文科建设的新理念、新成果。力求教材体系结构创新、内容选取创新、呈现方式创新。体现跨学科融合，充分体现STEM教育理念，实现跨学科学习。

第三，基础性与发展性结合。关注科学教育专业学生的专业核心素养形成和科学教学技能训练，包括专业知识与技能、科学实践能力、跨学科整合能力、科学观念、科学思维、科学方法等。同时，关注该专业大学生的可持续发展，激发其好奇心和求知欲，为其将来进一步学习深造奠定基础。

本系列教材编写期间，恰逢我国为推进科学教育改革发展和加强科学教师培养先后出台了系列文件。比如，2021年6月国务院印发的《全民科学素质行动规划纲要（2021—2035年）》在"青少年科学素质提升行动"中强调，实施教师科学素质提升工程，将科学教育和创新人才培养作为重要内容，推动高等师范院校和综合性大学开设科学教育本科专业，扩大招生规模。2022年4月，教育部颁布《义务教育科学课程标准（2022年版）》，科学课程目标、课程理念和课程内容的改革对中小学科学教师的专业素质提出了新的挑战。2022年5月，教育部办公厅发布《关于加强小学科学教师培养的通知》，要求建强一批培养小学科学教师的师范类专业，建强科学教育专业，扩大招生规模，从源头上加强本科及以上层次高素质专业化小学科学教师供给，提高科学教育水平，夯实创新人才培养基础。2023年5月，教育部等十八部门发布《关于加强新时代中小学科学教育工作的意见》，强调加强师资队伍建设，增加并建强一批培养中小学科学类课程教师的师范类专业，从源头上加强高素质专业化科学类课程教师供给。

当今世界科学技术日新月异，同时也正经历百年未有之大变局。党的二十大报告明确提出"教育、科技、人才是全面建设社会主义现代化国家的基础性、战略性支撑"。2023年2月，习近平总书记在二十届中共中央政治局第三次集体学习时指出"要在教育'双减'中做好科学教育加法"，为加强我国新时代科学教育提出了根本遵循。世界发达国家的经验表明，科学教育是提升国家竞争力、培养创新人才、提高全民科学素质的重要基础。高素质、专业化的中小学科学教师是推动科学教育高质量发展的关键。当前，高等院校应该把培养高素质中小学科学教师作为重要的使命担当，加强在中小学科学教育师资职前培养和职后培训方面的能力建设，保障中小学科学教师高质量供给。没有高质量的教材就没有高质量的科学教师培养。因此，编写出版高等院校科学教育专业教材是解决当前我国科学教育专业人才培养问题的紧迫需要，是科学教育专业发展的根本要求，具有重要的现实意义。

该套教材在编写过程中得到了我国古生物学家、中国科学院周忠和院士的关心与鼓励，在此表示衷心的感谢和崇高的敬意！同时对西南大学领导和西南大学出版社的高度重视和支持表示诚挚的感谢！对编写过程中我们引用过的相关著述的作者表示真诚的谢意！由于系列教材编写的工作量巨大，编写的时间紧，加之编者的水平有限，教材难免存在一些不足，敬请广大的读者朋友批评指正。

林长春

于重庆师范大学师大苑

2024年5月20日

前 言

习近平总书记在科学家座谈会上的讲话中提出:好奇心是人的天性,对科学兴趣的引导和培养要从娃娃抓起。《关于加强小学科学教师培养的通知》《关于加强新时代中小学科学教育工作的意见》等文件要求加大科学教育及相关专业师范生培养力度,可见卓越的科学教师对培养新时代学生的科学素养具有十分重要的作用。为了贯彻落实党的二十大精神,全面落实科学教师的培养要求,提升科学教师的综合素质,西南大学出版社组织了一批专家学者和一线教师,潜心打造了"高等院校科学教育专业系列教材"。

《基础物理实验》是这套教材中的一本。在前期充分调研的基础上,本教材的编写力求体现时代性、发展性和科学性,坚持立德树人的根本任务,把培养学生的科学教育专业技能和专业素养作为教材编写的核心理念。

全书分为 6 章,共 36 个实验。绪论部分介绍了物理实验课的意义和任务、实验报告的格式,以及实验室的规则。第一章系统地介绍了有效数字、误差、不确定度的概念和处理实验数据的方法。这是本课程必须掌握的重要内容,也是后续实验数据处理和实验报告书写的基础。第二章精心设计了 4 个中学和大学物理衔接实验,介绍了游标卡尺、螺旋测微器、量筒、天平、电表和读数显微镜等基本测量仪器的结构与使用方法。第三章由 12 个基础物理实验组成,系统地介绍了测量液体黏滞系数、金属丝杨氏模量等基础物理量的原理和实验方法。第四章和第五章分别由 8 个综合物理实验和 6 个设计物理实验组成,主要培养学生的物理知识的运用能力、综合实验能力和实验设计能力。第六章主要以前期学生自制实验仪器为基础,设计了 6 个融趣味性和创新性为一体的物理实验,以激发学生实验的积极性、主动性和创新性。书末还附有基本的物理常数、常见金属的杨氏模量等,方便学生在实验时查阅。

本教材既重视对学生动手能力的训练,又注重对实验仪器的介绍和实验原理的分析,还重视对学生实验技术的指导。各个实验都编写了相应的思考题,以培养学生独立思考的能力。

本教材由侯红生、许兰担任主编,由安学民、杨淑敏、林洽武和李朝阳担任副主编,吴浩闯、董晓云、文姣、张云、李玉科、祝宇红、李璇和庞嘉璐参与编写了部分实验内容。全书最后由侯红生、李朝阳统稿。本教材在编写过程中，参阅了许多教材、文献和网站资料，在此对这些资料的作者表示衷心的感谢。

本教材适用于高等院校科学教育专业的大学物理实验课程的教学，也可用于数学、生物、化学等理工科专业的物理实验教学。

由于编者学识和经验有限，书中不当之处在所难免，敬请读者批评指正，以便我们改进与完善。

编　者

2024 年 2 月于杭州师范大学

CONTENTS
目 录

绪论

一、物理实验课的意义、任务及教学环节

(一)物理实验的意义

物理学是一门实验科学。首先,物理学中已知的成熟的理论都有严格的实验基础,或者说都能用实验进行验证。其次,人们通过实验将不断发现新的问题,从而促进理论的进一步发展。当然,人们在物理理论的研究中也会做出一些新的假设,预言一些新的结果,这些假设和结果最终还是要在实验中进行验证以判断它们的正确性。由此可见,物理实验是物理这门学科的基础和重要组成部分。回顾物理学发展史,不论是经典物理还是近代物理,都有许多实验有力地推动了物理学发展。可以说物理学的每一次发展都与实验联系在一起。例如,由法国物理学家库仑测量电荷之间作用力的扭秤实验得出的库仑定律是整个电磁学的基础;托马斯·杨和菲涅耳的干涉实验及衍射实验为光的波动学说奠定了基础;基于对黑体辐射的实验事实的研究,物理学家普朗克得出了黑体辐射定律并提出了能量量子化的概念,从而诞生了量子力学;1919年,爱丁顿拍出日全食照片,通过分析光线在太阳附近的弯曲情况,证实了爱因斯坦在1915年提出的广义相对论;杨振宁、李政道提出了弱相互作用宇称不守恒,在实验物理学家吴健雄用实验验证以后,他们获得1957年度的诺贝尔奖;科学巨人牛顿、爱因斯坦等都具有十分高超的实验技术。可以说物理学的发展史也是一部物理实验的发展史。在过去的年代中,特别是近300年以来,物理学的前辈们为物理学的发展作出了巨大贡献,有的为此耗尽了毕生精力。例如,焦耳为了测定热功当量的值,前后用了近40年的时间。有的甚至还献出了自己的生命,例如,利赫曼在1753年进行大气电实验时触电身亡。我们学习大学物理实验这门课程时不仅可以学习前辈们创造的丰富巧妙的实验方法,接触各种各样的实验仪器,掌握一些基本的实验技能,还可以培养自己脚踏实地、实事求是的科学研究作风。学习本课程,我们不仅能获得物理实验的系统知识,还可为其他学科的学习打下良好的基础。

(二)物理实验课的任务

对于理工科专业的学生,物理实验课的主要任务可以大致归纳如下:

(1)通过对实验现象的观测和分析,学习物理实验知识,加深对物理理论的理解。

(2)培养与提高独立思考的能力和初步的科学研究能力。如:阅读实验教材或说明书、参考资料等;做好实验前的准备;能够借助教材和仪器说明书正确使用常用仪器;运用物理学理论对实验现象进行初步的判断与分析;正确记录和处理实验数据、绘制曲线、说明实验结果;撰写合格的实验报告,建立有效数字和误差处理的正确概念,以及自行设计和完成某些不太复杂的实验任务等。

（3）培养实事求是的科学态度、严谨踏实的工作作风、勇于探索的钻研精神以及养成在实验室工作的良好习惯。

（4）具备一定的动手能力。例如：熟悉一些常用仪器的使用方法；掌握一些基本的实验技能，如水平、垂直的调节，光路的共轴、视差消除的调节，电路中的限压、分流方法的使用等；以及处理实验中遇到的一些问题和排除故障。

（三）物理实验课的教学环节

为了完成以上任务，应重视物理实验学习的三个重要环节：

1. 实验预习环节

课前要仔细阅读实验教材有关章节和参考资料，了解实验目的，弄清实验内容，弄懂实验原理，预习实验方法。对于实验中使用的仪器或装置，要了解使用方法和注意事项，并设计数据记录表格，在此基础上简单明了地写出预习报告。预习报告使用统一的预习报告纸书写。预习报告内容包括：实验名称、目的、原理、仪器、数据记录表格和拟订的实验步骤。预习思考题要做在预习报告上，不清楚的问题也可写在预习报告上。

实验能否进行，能否获得预期的结果，很大程度上取决于预习是否充分。因此，每次做实验前一定要预习。每次实验前，教师将检查预习报告，没有达到要求者，将不允许做实验。

2. 实验的课堂环节

学生进入实验室后应遵守实验规则。大学物理实验是一门独立的课程，每次上课时教师都对本次实验的原理、内容、操作、数据处理、误差的分析比较等做简短的讲述，学生应认真听讲，并应尽量将该注意的事项记下来。动手做实验时要按要求布置仪器，有些实验可能要经教师检查后才能继续进行。对于电磁学实验，要注意连线正确，特别要注意电源正负极、电流表在电路中连接的正确性。要按规定步骤操作仪器，注意细心观察实验现象。遇到问题时要先判断、思考，找出解决问题的办法，或者在有必要时求助教师。应小心爱护各种仪器，不得擅自处理仪器故障。记录数据时，用钢笔或圆珠笔填在预习报告的表格中。不得随意涂改数据，对于错误的数据，应轻轻画上一道杠，将正确的写在旁边。不要将数据乱记后再誊写，因为这样就不是真正的原始数据了。实验完毕后，一定要先把实验数据交给教师检查签字，再整理仪器，离开实验室。

3. 写出合乎要求的实验报告

每个实验结束后，要及时写出实验报告，报告一律采用学校统一的实验报告纸书写。实验报告的格式要求见下节。报告应简明整洁，严禁抄袭他人的文字、数据及结果，在报告中要对数据重新列表并将其誊写清楚。要将教师签字后的预习报告和实验报告一并上交。实验报告应在实验后一周内交给任课教师。

二、实验报告的格式要求

（1）实验名称。

（2）实验目的。注意不要将通过本实验应达到的实验要求作为实验目的。例如杨氏模量的测定这一个实验的目的就是测量钢丝的杨氏模量。

（3）实验仪器、器材等。仪器应写明型号规格、计量用的仪器应标明精度等级。

（4）实验原理。用自己的语言简明扼要地叙述本实验的原理及依据，该作图时应作图。

（5）实验步骤及注意事项。

（6）实验数据及处理。写数据时应列表，制表的原则是"成行成列，一目了然"。同一量的数据应成纵列，以便于比较。处理数据时要写出关键式，最后要以正确的方式写出实验结果。

（7）体会。讨论或回答思考题。

三、实验室规则

（1）必须认真预习实验教材。上课前应带好事先完成的预习报告，经教师检查后才可进行实验，经检查不合要求者不得做实验。

（2）按时进入实验室，按编定组次就位，将上次实验的实验报告交给教师，按配物单检查实验设备，若器具物品不符或短缺时，请教师更换补齐。

（3）爱护仪器，在实验中严格按规定方法使用仪器，未经教师允许，不得挪用其他组的器具，更不得带出实验室，如有损坏照章赔偿。

（4）使用电源时，须经教师检查线路后才能接通电源。

（5）严肃认真，一丝不苟地完成每一步实验。

（6）实验完毕，经教师审查数据并签字后，整理好仪器，方可离开实验室。

（7）在实验室中不许大声喧哗、闲谈、抽烟、随地吐痰。每次最后离开的两名学生应将室内卫生打扫干净。

第一章

测量误差
与数据处理知识

第一节　测量与有效数字

一、测量

测量是把待测量与体现计量单位的标准量做比较的过程,可分为直接测量和间接测量。直接测量是指从器具和仪器上直接读取该物理量的测量方法。间接测量是指利用直接测量的量与被测量之间的已知函数关系,通过计算而获得该被测量的值的测量方法。例如要测半径R,可由直接测量的直径d,根据$R = d/2$得到。又如测长方形面积S时,先测出其长a和宽b,由$S = a \cdot b$得出面积。

二、有效数字

（一）有效数字的基本概念

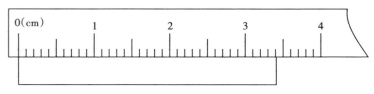

图1　用直尺测量长度

有效数字的概念对于一个科研工作者十分重要。下面我们从一个实例引入有效数字的知识。

图1是用直尺对一木块的长度进行测量,长度在3.4~3.5 cm之间。例如我们将其记为$L = 3.44$ cm。这个数据的前两位是准确的,叫准确数字。最后一位是估计的,叫可疑数字,不同的测量者可能估计出不同的可疑数字。上述的准确数字和可疑数字都叫有效数字。任何仪器读数都要读到最小刻度的下一位。记录的数据当且只能保留一位可疑数字,决不允许随意增减有效数字的位数。对于图1中木块长度L的测量,将结果写成3.4 cm、3.5 cm或3.450 cm、3.440 cm都是错误的。如尺子的长度恰好压在直尺的3 cm这条线上,应将其记为3.00 cm。注意小数点之前定位所用的零不是有效数字。一个数从左至右遇到的第一个非零数字本身及以后所有的数字(包括零)都为有效数字。从测量数据的有效数字的位数,就可以大体判断测量仪器的精度。例如,三个测量数据分别为12.4 mm、12.46 mm、12.463 mm,可以判断第一个数据很可能是用最小刻度为1 mm的米尺测量而得,第二个可能是精度为0.02 mm的游标卡尺所测,第三个则可能是由螺旋测微器所测。

有效数字位数不多但又要表示较大的数时,应采用科学记数法。例如以下都是三位有效数字且表示同一长度:

$3.44\ cm, 34.4\ mm, 0.0344\ m, 3.44 \times 10^{8}\ Å, 3.44 \times 10^{-5}\ km$。

(二)有效数字的运算

原则:(1)只有两个参加运算的数字都为准确数字时,结果才为准确数字。(2)计算结果只需保留一位可疑数字,多余的位按四舍五入处理,但运算的中间过程可以多保留一位可疑数字。下面给出一些例题,为便于阅读,将可疑数字下面画一条短横标记,实际处理数据时不必如此。

例1　$98.75\underline{4}+1.\underline{3} = 100.1$

$$
\begin{array}{r}
9\ 8\ .\ 7\ 5\ \underline{4} \\
+\ \ \ \ \ 1\ .\ \underline{3} \\
\hline
1\ 0\ 0\ .\ \underline{0}\ 5\ \underline{4}
\end{array}
$$

例2　$78.36-4.\underline{4} = 73.\underline{9}\ 6 = 74.0$

结论:和与差的可疑数字所在位置与参加运算诸量中可疑数值最大的一个相同。

例3　$4.17\underline{8} \times 10.\underline{1} = 42.\underline{1}\ 9\ 7\ \underline{8} = 42.\underline{2}$

例4　$3764.\underline{3} \div 21.\underline{7} = 173.\underline{4}\ 7\ 0 \cdots = 17\underline{3}$

结论:积或商的有效位数与参加运算诸量中有效位数最少的相同。不难证明,乘方开方运算结果有效数字的位数与其底的有效位数相同。

对于指数、对数、三角函数运算结果的有效数字可用下法确定:当参加运算数据的最末位稍做改变时,看影响至结果的哪位则取哪位为可疑位。对于自然数,不是测量而得,故无限准确,在书写时不写出小数点及后面的位。

第二节　误差的基本知识

因为任何测量仪器、测量方法、测量环境、测量者的观察力都不可能绝对严密和理想,所以测量结果都有误差。对测量中可能产生的误差进行分析,尽可能减小误差并消除其影响,以及对测量结果的可信程度进行估计就是物理实验和其他科学实验必不可少的工作。由于系统、严密的误差理论需要较多的数学知识,而且目前大家对许多问题的意见还未达成一致,所以我们对误差问题只着重于概念和结论,不做过深的讨论。下面先介绍一些最基本的定义。

定义1　真值x_0:被测对象的客观存在值。

定义2　绝对误差ε:$\varepsilon = x - x_0$,其中x为测量值。

定义3　相对误差E_0:$E_0 = \varepsilon/x_0(\%)$。

无论绝对误差还是相对误差,我们常常统称为误差。误差主要分为三类:系统误差、随机误差和过失误差。过失误差是由于操作者操作不当或产生错误引起的,在实验中不允许有过失误差出现。下面主要讨论前两种误差。

一、系统误差

系统误差是指在同一个被测量的多次测量中保持恒定或以可预知方式变化着的测量误差部分。例如实验装置和方法没有或不可能完全满足理论上的要求,有的仪器没有达到应有的准确程度,环境因素(温度、湿度等)没有控制到预计的情况。只要这些因素与正确要求有偏离,那么测量结果中就会出现系统误差。可将系统误差大致分为可定系统误差和未定系统误差、先讨论可定系统误差。

例如用秒表测某运动物体通过某段路程所需要的时间。若秒表走时较快,那么即便测多次,测得的时间总是会偏大。又如千分尺和游标卡尺不对零、天平不等臂等都是仪器不准造成的,会使结果总是偏大或偏小一个固定的量。又如用落球法测重力加速度,由于空气阻力,测得的 g 值总是偏小,这就是测量方法不完善造成的。又如由于实验者的色盲或色弱,他们做颜色分析时总是出错误,这就是实验者所带来的误差。这些误差叫可定系统误差。

由于仪器精度不可能无限制地提高,或环境条件不可能绝对理想所带来的误差,我们常将其归为未定系统误差。例如,直尺刻度不可能绝对均匀,指针式仪表的指针不能完全跟随待测量的变化,数字式仪表其电路中由 A/D 转换带来的误差,还有其他一些未知因素引起的误差等。

系统误差的发现主要是采用对比法。例如用不同的仪器、不同的测量方法、不同的实验条件、不同的实验人员等。对于可定系统误差,可以针对误差产生的原因采取改进方法、校准仪器或对测量结果进行理论上的修正等加以消除或尽可能减小。对于未定系统误差,当仪器精度级别和测量环境确定以后,一般是不能消除的。其对结果可信程度或不确定度的影响将在本章第四节中进行简要介绍。发现和减少测量中的系统误差是较困难的工作,在很多情况下系统误差对测量结果的影响起着关键性的作用。

注意,随着人类认知能力的提高,可以将未定系统误差逐渐减小,但始终不能完全消除。人们可以用高等级的仪器来检验低等级的仪器,将原来低等级仪器中视为未定系统误差的量用一个确定的数值表示出来。测量者在测量结果中加上该确定的值,这样就把未定系统误差转换成了可定系统误差。但是不论是现在还是将来,仪器精度再高也仍然有误差存在,或者由于条件局限,有时不得不用低精度等级的仪器进行测量。从这个意义上来说,测量结果中不可避免地含有未定系统误差部分。

二、随机误差

在下面的讨论中,我们忽略了系统误差的影响。讨论随机误差之前,我们先来看一看当我们对某一物理量进行测量时,所得到的测量值有什么特点。在测量时,实验装置在各次调整操作时的变动性,测量者在各次判断时的不一致性,以及其他各种因素的不可避免的微小变化,使所得到的测量结果每一次都不完全一样。例如可以用电子秒表测某一个小球从固定的高度自由落下时经过固定的两点所用的时间来进行验证。此例中设想测量了101次,分析这101个数据可知测量值落在各个相等的时间段中的概率不一样,取定一个时间段例如0.01秒(或其他值)为单位,t在0~∞范围内。将各个相等时间段内出现的测量值出现的次数除以总的测量次数就得到单位时间间隔内测量值出现的概率$f(t)$。数据如表1,以时间为横坐标,以$f(t)$值为纵坐标,将各点连成光滑曲线如图2。图2也叫概率密度曲线,确切地说叫正态分布概率密度曲线。对物理量的测量由于受到随机因素的影响,其测量值到底是多少事先不可预知,但它们的分布都符合统计规律。物理实验中以及自然界中大量的事物出现的规律都符合正态分布规律。该曲线峰值对应的t值($t = t_0$)为真值。$t_0 - \sigma$和$t_0 + \sigma$值对应曲线的两个拐点,其物理意义为用相同的方法做一次测量时,得到的t值落在区间$(t_0 - \sigma, t_0 + \sigma)$内的概率为68.3%。如果能通过测量得到光滑的数据分布曲线就可以得到真值,也就没有误差可言了。可是要得到图2这样光滑的曲线要求测量无限多次,即$n \to \infty$,这是不现实的。摆在我们面前的任务是如何用有限次测量得到真值的估计值。既然是估计值,就不可避免地有误差存在,这个误差就叫随机误差。换句话说随机误差是其大小与符号以不可预知的方式变化着的测量误差。由于其大小和符号不可预知也就不可能消除。随机误差的分布也符合统计规律,主要有以下特点:(1)正负误差出现的概率大致相等,于是用多次测量的平均值表示测量结果时可以减少随机误差的影响。(2)大误差出现概率小,小误差出现概率大,很大的误差几乎不出现。

表1　　单位时间间隔内测量值出现的概率

t	1.53	1.54	1.55	1.56	1.57	1.58	1.59	1.60	1.61	1.62	1.63
次数	0	1	4	11	21	27	21	11	4	1	0
$f(t)$	0%	1.0%	4.0%	10.9%	20.8%	26.7%	20.8%	10.9%	4.0%	1.0%	0%

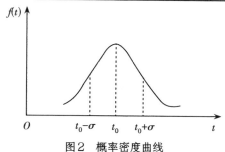

图2　概率密度曲线

第三节　算术平均值和偏差

本节仍然忽略系统误差的影响。

由于测量时必然存在误差,于是有两个问题在测量的结果中不可回避:(1)测量结果的最佳值是什么?(2)测量结果的可信程度是什么? 我们分析定义2和定义3可知,测量值可以得到但不可避免地存在误差,真值事实上不可能得到,所以误差也不可能得到。这样,定义2和定义3只有理论上的意义。下面我们将通过对多次测量值的分析而得到一些有实际意义的结果。

设想对物理量在同一测量条件下用某种方法进行了 n 次独立测量,各次测量值为 x_1, $x_2, \cdots, x_n$。由于各种随机因素的影响,每个 x_i $(i = 1, 2, \cdots, n)$ 取值是随机的。我们将该物理量所有可能的取值叫总体,记为 x,显然 x 是个变量,称为随机变量,这个随机变量符合正态分布规律。把 x 的一部分即有限个数的值叫样本,样本与总体符合相同的正态分布规律,即描述样本分布规律的参数与总体的相同。我们的任务是要从样本中找出这些参数从而回答什么是测量结果的最佳值和它的可信程度。

定义4　算术平均值 $\bar{x}$:

$$\bar{x} = \frac{\sum\limits_{i=1}^{n} x_i}{n} \tag{1}$$

算术平均值也叫样本平均值,可以作为真值 x_0 的最佳估计值,有时称为近真值。当 $n \to \infty$ 时,$\bar{x} \to x_0$。$\bar{x}$ 也是一个随机变量。对该物理量做另一组 n 次测量得到的算术平均值可能是另外一个值。$\bar{x}$ 也符合正态分布规律,只是其参数与 x 的参数不同而已。

定义5　标准偏差 S_x:

$$S_x = \sqrt{\frac{(x_1 - \bar{x})^2 + (x_2 - \bar{x})^2 + \cdots + (x_n - \bar{x})^2}{n - 1}}$$
$$= \sqrt{\frac{\sum\limits_{i=1}^{n}(x_i - \bar{x})^2}{n - 1}} \tag{2}$$

上式中省略了求和指标,下同。标准偏差也叫样本标准偏差,描述了样本内各个观察值即各个测量值 x_i 的数据密集程度。S_x 值越小说明各个 x_i 值数据越接近。S_x 也是一个随机变量。当测量次数 $n \to \infty$ 时,S_x 的极限记为 σ_x

$$\lim_{n \to \infty} S_x = \sigma_x$$

$x_0 \pm \sigma$ 值为 x 总体概率密度曲线 $f(x)$ 上两个拐点位置,见图3。可以证明,用同样的仪器采用同样的方法对该物理量做任意一次测量所得的值 x_i 落在区间 $(x_0 - \sigma_x, x_0 + \sigma_x)$ 内的概率为 68.3% ,落在区间 $(x_0 - 2\sigma_x, x_0 + 2\sigma_x)$ 内的概率为 95.4% ,落在区间 $(x_0 - 3\sigma_x, x_0 + 3\sigma_x)$ 内的概率为99.7%。这就说明了大的随机误差出现的概率小这一事实。假设在一组测量数据中有一两个偏差很大的数据,如果不是由于某种过失产生的,应保留在原始记录上,但计算时可以按3倍标准差原则进行剔除。实际测量中 n 不可能取得太大,一般 $n > 5$,这时只能把 S_x 当作 σ_x 的估计值。现在所有的函数计算器都有直接计算 $\bar{x}$ 和 S_x 的功能(统计功能),用起来很简便。

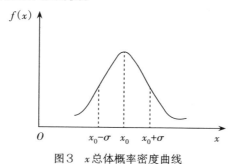

图3　x 总体概率密度曲线

定义6　平均值的标准偏差 $S_{\bar{x}}$:

$$S_{\bar{x}} = \sqrt{\frac{(x_1 - \bar{x})^2 + (x_2 - \bar{x})^2 + \cdots + (x_n - \bar{x})^2}{n(n-1)}}$$

$$= \frac{S_x}{\sqrt{n}} \tag{3}$$

定义6在估计 $\bar{x}$ 值与 x_0 值接近程度时特别有用,对它的理解是误差理论教学中的难点。下面我们来对它进行讨论。

前面述及 $\bar{x}$ 是个服从正态分布的随机变量,$S_{\bar{x}}$ 则是描写不同组的 n 个测量值的平均值的密集程度的。$S_{\bar{x}}$ 值越小,各个平均值数据彼此越接近。$S_{\bar{x}}$ 也是一个随机变量。当 $n \to \infty$ 时 $S_{\bar{x}}$ 的极限为 $\sigma_{\bar{x}}$:

$$\lim_{n \to \infty} S_{\bar{x}} = \sigma_{\bar{x}}$$

$\sigma_{\bar{x}}$ 与 $\bar{x}$ 的关系就像 σ_x 与 x 的关系一样。做 n 次(n 有限)测量得到一个 $\bar{x}$ 值,由此得到的任意一个 $\bar{x}$ 值落在区间 $(x_0 - \sigma_{\bar{x}}, x_0 + \sigma_{\bar{x}})$ 内的概率为68.3%,落在区间 $(x_0 - 2\sigma_{\bar{x}}, x_0 + 2\sigma_{\bar{x}})$ 内和区间 $(x_0 - 3\sigma_{\bar{x}}, x_0 + 3\sigma_{\bar{x}})$ 内的概率分别为95.4%和99.7%。当 $n > 1$ 时,$\sigma_{\bar{x}} < \sigma_x$,所以在 x 轴上区间 $(x_0 - \sigma_{\bar{x}}, x_0 + \sigma_{\bar{x}})$ 比区间 $(x_0 - \sigma_x, x_0 + \sigma_x)$ 小。由此可见,多次测量比单次测量测得更准确。

如果能测量无穷多次($n \to \infty$),就不必计算 S_x 或 $S_{\bar{x}}$,而得到一个没有误差的值即真值 x_0。而实际测量时又只能测有限次,通常 $5 < n < 10$。这时如果已知 $\sigma_{\bar{x}}$,可将测量结果表示成:

$$x = \bar{x} \pm \sigma_{\bar{x}} \tag{4}$$

由上述对 $\sigma_{\bar{x}}$ 的讨论可知,x_0 落在区间 $(\bar{x} - \sigma_{\bar{x}}, \bar{x} + \sigma_{\bar{x}})$ 内的概率(叫置信概率 P)为68.3%。问题是一般无法预先给出 $\sigma_{\bar{x}}$,而由 $S_{\bar{x}}$ 求 $\sigma_{\bar{x}}$,则要求测量次数 $n \to \infty$。当测量次数 n 太小时($n < 20$),$S_{\bar{x}}$ 与 $\sigma_{\bar{x}}$ 有显著的差异。$S_{\bar{x}}$ 是随机变量,不服从正态分布而服从 t 分布。当测量次数 n 较小时,常将测量结果表示成:

$$x = \bar{x} \pm t_a S_{\bar{x}} \qquad (P = a) \tag{5}$$

上式中 a 为置信概率 P 的值, t_a 为在置信概率为 a 时对应 t 分布的 t 值。t_a 值与置信概率和测量次数有关,表2给出了 $a = 0.683$ 和 $a = 0.950$ 时的 t_a 值。

表2 t_a 值与测量次数 n 的关系

n	2	3	4	5	6	7	8	9	10	20	30	∞
$t_{0.683}$	1.84	1.32	1.20	1.14	1.11	1.09	1.08	1.07	1.06	1.03	1.02	1.00
$t_{0.950}$	12.71	4.30	3.18	2.78	2.57	2.45	2.36	2.30	2.26	2.09	2.04	1.96

由表中可见当 $n>30$ 以后, t 分布与正态分布相差很小。或说当 $n>30$ 时, $S_{\bar{x}}$ 与 $\sigma_{\bar{x}}$ 相差很小。而 n 很小时 $S_{\bar{x}}$ 与 $\sigma_{\bar{x}}$ 相差很大。

定义7　算术平均偏差 Δx:

$$\Delta x = \frac{\sum |x_i - \bar{x}|}{n} \tag{6}$$

算术平均偏差也描述了测量值的密集程度。在要求不高的场合还是有人用它来估计误差,由于计算简单,人们往往很快就可大体知道 Δx 值,从而对实验结果有个大概的了解,正式计算时再用标准偏差进行处理。

第四节　不确定度及直接测量结果的表示

前已述及,测量结果是对真值的一种估计,总有误差存在。上一节在讨论随机误差时假定系统误差可以忽略。实际上系统误差是存在的,所以一般情况下我们不能用式(5)来表示测量结果。为了全面评价测量结果,下面引入不确定度的概念。

定义8　不确定度 Δ:对测量结果不能确定程度的定量描述。

不确定度也可以说成:在算术平均值附近以某一已知概率(叫置信概率)包含真值的区间(也叫置信区间)的半长。由此可见不确定度总是与某一确定的已知数值的置信概率联系在一起,只有数值(区间半长)而不告知置信概率是没有意义的。减小置信区间、增加置信概率是测量工作者永恒的任务。

还要说明的是不确定度 Δ 也是一个随机变量。设想对物理量测量 n 次得到一组数据并经过计算便可以得到一个长度确定的置信区间,它在 x 轴上的位置也是确定的。但当我们测得另一组 n 个数据后再计算,就会得到另一个在确定位置附近有一个确定长度的置信区间。显然由于随机因素的影响,每次的结果并不会完全相同,所以在这个意义上我们说不确定度是一个随机变量。它在变化的过程中以某一确定的概率将确定不变的真值包含在它所定义的区间内。

定义9　相对不确定度:

$$E = \frac{\Delta}{\bar{x}} \qquad (7)$$

为了说明是某个物理量 x 的不确定度,我们常加一个下标进行表示,如: Δ_x、E_x。

在既有随机误差又有其他误差的情况下(这里的其他误差主要指未定系统误差,而可定系统误差的消除如千分尺、游标卡尺的零点校正,伏安法测电阻中电表内阻影响的修正等都认为已经完成),物理量的测量值 x 的不确定度可近似写成:

$$\Delta = \sqrt{\Delta_A^2 + \Delta_B^2} \qquad (8)$$

式(8)中 Δ_A 称为不确定度的 A 类分量, Δ_A 指在物理实验中用统计方法获得的与随机误差有关的不确定度分量。对于直接测量的量:

$$\Delta_A = t_a S_{\bar{x}} \qquad (9)$$

式(9)中出现了一个 t_a 因子,许多人往往不愿意去记忆或查找这个因子。这里就置信概率 a 等于95%左右的情况给出一个简便的方法进行处理:从表2中可见当置信概率等于95%、n 等于5~7次时, $t_a/\sqrt{n} \approx 1$。根据 $\Delta_A = t_a S_{\bar{x}} = t_a S_x/\sqrt{n}$,我们用下式来代替式(9):

$$\Delta_A \approx S_x = \sqrt{\frac{\sum(x_i - \bar{x})^2}{n - 1}} \qquad (10)$$

注意:式(10)成立的条件是测量次数 $n>5$,置信概率约为95%或更大。物理实验课对误差处理的要求主要在于建立正确的概念,而不拘泥于对某一值进行精确的计算。在本教材中,除非有特别声明,一般都使用式(10)来计算 A 类不确定度。当然如果需要更为普遍的结果可采用式(9)并使用表2而得到。

式(8)中的 Δ_B 称为用其他方法估计出的不确定度的 B 类分量。它主要与未定系统误差有关,而未定系统误差主要是由于仪器精度级别限制引起的误差,对 Δ_B 进行严格计算不是本课程的任务。我们用仪器的误差限 $\Delta_仪$ 来代替 Δ_B,这样物理量 x 的合成不确定度为:

$$\Delta = \sqrt{S_x^2 + \Delta_仪^2} \qquad (11)$$

设 x 是直接测量得到的某物理量, $\bar{x}$ 为算术平均值,应将测量结果表示为:

$$x = \bar{x} \pm \Delta \qquad (12)$$

或

$$x = \bar{x}(1 \pm \Delta/\bar{x}) = \bar{x}(1 \pm E_x) \qquad (13)$$

即式(12)、(13)中 $\bar{x}$ 值只能保留一位可疑数字。但 Δ、E_x 则不严格规定只取一位有效数字,允许保留两位数字。式(11)中当 $S_x < \frac{1}{3}\Delta_仪$,或测量次数为1时,有 $\Delta = \Delta_仪$。

但要注意即使是单次测量, Δ_A 还是存在的,只是不能用式(2)计算而已。或者说仪器的精度级别太低,不足以将随机误差反映出来。$\Delta_仪$ 一般由教师给出,或由仪器生产厂家按国家标准提供,在应急的场合也可简单取仪器最小刻度的一半作为估计值。如此处理后,我们仍认为测量结果的置信概率在95%以上。

第五节　间接测量结果及不确定度的合成

物理实验中大都是进行间接测量。例如用单摆测量重力加速度 g 时，$g = 4\pi^2 \dfrac{l}{T^2}$。式中 l 为摆长，T 为单摆周期，T、l 是直接测量量，g 是间接测量量。一般情况下，间接测量量的不确定度与直接测量量的不确定度有关。下面讨论它们之间的关系。设直接测量物理量 x、y、z、$\cdots$ 之间互相独立，而间接测量量 φ 是它们的函数，记为

$$\varphi = F(x、y、z、\cdots) \tag{14}$$

设 x、y、z、$\cdots$ 的不确定度分别为 Δ_x、Δ_y、Δ_z、$\cdots$，它们必然会影响 φ 的不确定度 Δ_φ。不确定度都是小量，相当于数学中的增量。由直接测量量的不确定度求间接测量量的不确定度，可以借助数学中全微分的概念，只是要考虑到不确定度合成的统计性质。我们给出以下两个不确定度合成的公式，公式的推导并不难但冗长，故略去过程，只给出结论。读者如果对过程感兴趣可参考其他教材。这两式也叫不确定度的传递公式：

$$\Delta_\varphi = \sqrt{\left(\frac{\partial F}{\partial x}\Delta_x\right)^2 + \left(\frac{\partial F}{\partial y}\Delta_y\right)^2 + \left(\frac{\partial F}{\partial z}\Delta_z\right)^2 + \cdots} \tag{15}$$

写成相对不确定度的形式：

$$\frac{\Delta_\varphi}{\varphi} = \sqrt{\left(\frac{\partial \ln F}{\partial x}\Delta_x\right)^2 + \left(\frac{\partial \ln F}{\partial y}\Delta_y\right)^2 + \left(\frac{\partial \ln F}{\partial z}\Delta_z\right)^2 + \cdots} \tag{16}$$

式(15)适用于和差形式的函数，式(16)适用于积商形式的函数。式中 $\bar{\varphi} = F(\bar{x}、\bar{y}、\bar{z}、\cdots)$，为间接测量量的算术平均值。只要各直接测量量的置信概率大于或等于 95%，则按式(15)、(16)计算出来的间接测量量的不确定度的置信概率也大于或等于 95%。表3为常用函数的不确定度的合成公式。

表3　常用函数的不确定度合成公式

函 数 表 达 式	不确定度的传递公式
$\varphi = kx + my + nz$	$\Delta_\varphi = \sqrt{(k\Delta_x)^2 + (m\Delta_y)^2 + (n\Delta_z)^2}$
$\varphi = \dfrac{x^k y^m}{z^n}$	$\dfrac{\Delta_\varphi}{\varphi} = \sqrt{\left(k\dfrac{\Delta_x}{\bar{x}}\right)^2 + \left(m\dfrac{\Delta_y}{\bar{y}}\right)^2 + \left(n\dfrac{\Delta_z}{\bar{z}}\right)^2}$ $\dfrac{\Delta_\varphi}{\varphi} = \sqrt{(kE_x)^2 + (mE_y)^2 + (nE_z)^2}$
$\varphi = kx$	$\Delta_\phi = k\Delta_x, \quad \dfrac{\Delta_\varphi}{\bar{\varphi}} = \dfrac{\Delta_x}{x} = E_x$
$\varphi = \sqrt[k]{x}$	$\dfrac{\Delta_\varphi}{\bar{\varphi}} = \dfrac{1}{k}\dfrac{\Delta_x}{\bar{x}} = \dfrac{1}{k}E_x$
$\varphi = \sin x$	$\Delta_\varphi = |\cos x|\Delta_x$
$\varphi = \ln x$	$\Delta_\varphi = \dfrac{\Delta_x}{\bar{x}}$

将表3中的 $\varphi = x^k y^m z^{-n}$ 代入式(16),求得 φ 的相对不确定度的表达式以验证表3中的传递公式:

$$\varphi = \frac{x^k y^m}{z^n} = x^k y^m z^{-n}$$

$$\ln \varphi = \ln(x^k y^m z^{-n})$$

$$\frac{\partial \ln \varphi}{\partial x} = x^{-k} y^{-m} z^n \cdot y^m z^{-n}(k) x^{k-1}$$

$$\left(\frac{\partial \ln \varphi}{\partial x} \Delta_x\right)^2_{x=\bar{x}} = (k\Delta_x / \bar{x})^2 = (kE_x)^2$$

同理:

$$\left(\frac{\partial \ln \varphi}{\partial y} \Delta_y\right)^2_{y=\bar{y}} = (m\Delta_y / \bar{y})^2 = (mE_y)^2$$

$$\left(\frac{\partial \ln \varphi}{\partial z} \Delta_z\right)^2_{z=\bar{z}} = (n\Delta_z / \bar{z})^2 = (nE_z)^2$$

代入式(16)得

$$\frac{\Delta_\varphi}{\bar{\varphi}} = \sqrt{(kE_x)^2 + (mE_y)^2 + (nE_z)^2}$$

表3中 $\varphi = kx + my + nz$ 和 $\varphi = x^k y^m z^{-n}$,这两个函数在实验数据的误差处理中十分重要,希望读者能熟练运用它们的不确定度传递公式。

有些场合下,人们愿意用算术平均偏差(见定义7)来代替不确定度的A类分量。注意在处理随机误差时,测量次数也不能太少。用算术平均偏差处理问题时的运算简单一些,特别是对不确定度做大致估计时还是有用的。这里我们对 $\varphi_1 = kx + my + nz$ 和 $\varphi_2 = \frac{x^k y^m}{z^n}$,也给出相应的传递公式:

$$\Delta_{\varphi_1} = \left|\frac{\partial F}{\partial x} \Delta_x\right| + \left|\frac{\partial F}{\partial y} \Delta_y\right| + \left|\frac{\partial F}{\partial Z} \Delta_z\right|$$

$$= \left|k\Delta_x\right| + \left|m\Delta_y\right| + \left|n\Delta_z\right|$$

$$E_{\varphi_2} = \frac{\Delta_{\varphi_2}}{\bar{\varphi}_2} = \left|\frac{\partial \ln F}{\partial x} \Delta_x\right| + \left|\frac{\partial \ln F}{\partial y} \Delta_y\right| + \left|\frac{\partial \ln F}{\partial Z} \Delta_z\right|$$

$$= \left|kE_x\right| + \left|mE_y\right| + \left|nE_z\right|$$

对于间接测量,结果表示为:

$$\varphi = \bar{\varphi} \pm \Delta_\varphi$$

或

$$\varphi = \bar{\varphi}(1 \pm E_\varphi)$$

例5 单摆的周期 T、摆长 L 与当地的重力加速度 g 之间有函数关系:

$$g = 4\pi^2 \frac{L}{T^2}$$

式中 L 为摆长,T 为周期,g 为重力加速度,式中 L、T 为直接测量量。试由表4的数据计算 g,并分别求出 L、T、g 的不确定度。

表4　记录表

序号	L(mm)	T(s)	备　　注
1		2.319	
2		2.331	(1)用钢卷尺测L,做单次测量,钢卷尺不确定度
3		2.342	$\Delta_{仪} = 0.3\ \text{mm}$。
4	1350.5	2.309	
5		2.336	(2)用机械秒表测T,表中的每一个T值是对100个周
6		2.324	期求平均而得,不计秒表的$\Delta_{仪}$。
7		2.351	

解:$L = \bar{L} \pm \Delta_{仪} = 1350.5 \pm 0.3(\text{mm})$

$$\bar{T} = \frac{\sum\limits_{i=1}^{7}(T_i)}{7}$$

$$= \frac{2.319 + 2.331 + 2.342 + 2.309 + 2.336 + 2.324 + 2.351}{7}$$

$$= 2.330(\text{s})^{①}$$

$$S_T = \sqrt{\frac{\sum\limits_{i=1}^{7}(T_i - \bar{T})^2}{7 - 1}} = 0.014 = 0.01(\text{s})$$

这里T的偏差出现在小数点后第二位,故$\bar{T} = 2.330(\text{s})$中的最后一位为无效位,应四舍五入,由有效数字的规定周期T应表示为(取S_T作为Δ_T)

$$T = \bar{T} \pm \Delta_T = 2.33 \pm 0.01(\text{s})$$

用式(16)可以方便地求得g的不确定度:

$$E_g = \frac{\Delta_g}{\bar{g}} = \sqrt{(\frac{\Delta_L}{\bar{L}})^2 + 4(\frac{\Delta_T}{\bar{T}})^2}$$

$$= \sqrt{4 \times 10^{-8} + 4 \times 2 \times 10^{-5}}$$

$$= 9 \times 10^{-3}$$

$$\bar{g} = 4\pi^2 \frac{\bar{L}}{(\bar{T})^2} = 9.82(\text{m} \cdot \text{s}^{-2})$$

$$\Delta_g = \bar{g}E_g = 0.09(\text{m} \cdot \text{s}^{-2})$$

所以$g = \bar{g} \pm \Delta_g = (9.82 \pm 0.09)(\text{m} \cdot \text{s}^{-2})$

此题也可表示为:

$$g = \bar{g}(1 \pm \frac{\Delta_g}{\bar{g}}) = 9.82(1 \pm 9 \times 10^{-3})(\text{m} \cdot \text{s}^{-2})$$

此例是一个处理数据的典型例题,望好好体会。

---

① 本书中取了部分近似值,但仍以等号表示。

第六节　处理实验数据的常用方法

一、用作图法处理实验数据

　　某些实验是观测和研究两个或两个以上物理量之间的关系的,用作图法描述两个量之间的关系常常是很方便的。例如研究单摆摆长与周期之间的关系,二极管的电流与电压之间的关系,等等。从图形上不仅可以形象直观地看出一个物理量随另一个物理量的变化情况,还可以简单求出某些实验上需要的结果;可以估计出没有进行观测的点或测量范围以外的数据;还可以利用图线求出某些物理量之间的函数关系式,等等。

　　为了使图线清楚、定量地反映物理现象之间的变化规律,并能准确从图线上确定物理量值和求出有关常数,在作图时要注意遵循一定的规则:

　　(1)作图必须用坐标纸。坐标纸可以选用毫米方格纸、半对数坐标纸、对数坐标纸或极坐标纸。

　　(2)选坐标轴。以横轴代表自变量,纵轴代表因变量,在轴的末端画上表示正方向的箭头,箭头旁注明物理量的名称及其单位。

　　(3)确定坐标分度。坐标分度要保证图上观察点的坐标读数的有效数字位数与实验数据的有效数字位数相同。两轴的交点不一定从零开始,要尽量使图线充满整个幅面,不要偏于一角或一边。在轴上要注明物理量名称、符号和单位。

　　(4)描点和连线。可用削尖的铅笔在图上描点,点可用"+""×""Δ"等符号表示。这些符号不能太大,可使之与该量的误差大小相当。连线要光滑、细,要反映点的变化趋势,不必强行照顾某些点而使连线成折线。

　　(5)写明图线特征。如有需要可在图上的空白处注明实验条件和从图上得出的某些参数,如截距、斜率、极大极小值、拐点、渐进线等,还可标出某些具有特殊意义的点。

　　(6)写图名和图注。在图纸的下方或空白处写出图线名称及某些必要的说明。最后写上实验者姓名、日期。

二、用逐差法处理实验数据

　　在实际中常遇到自变量是等间距的多次测量,按平均值计算会使中间测量值彼此抵消,从而失去多次测量的意义。以拉伸法测金属丝的杨氏模量实验为例,表5是测量数据:

表5　测量数据

序号	钢丝负荷(kg)	钢丝伸长量(cm)	逐次相减值(cm)
0	0.0	0.11	$L_1 - L_0 = 0.31$
1	0.5	0.42	$L_2 - L_1 = 0.31$
2	1.0	0.73	$L_3 - L_2 = 0.31$
3	1.5	1.04	$L_4 - L_3 = 0.34$
4	2.0	1.38	$L_5 - L_4 = 0.30$
5	2.5	1.68	$L_6 - L_5 = 0.27$
6	3.0	1.95	$L_7 - L_6 = 0.40$
7	3.5	2.35	

用逐次相减求伸长量的平均值：

$$\Delta L = \frac{1}{7} [(L_1 - L_0) + (L_2 - L_1) + \cdots + (L_7 - L_6)] = \frac{1}{7} (L_7 - L_0)$$

其效果与$L_7 - L_0$是一样的，中间的测量值全部没用，所以通常的方法不适应。下面介绍逐差法，有一次逐差法和二次逐差法，我们只介绍一次逐差法。逐差法的适用条件是自变量等距变化，自变量的不确定度远小于因变量的不确定度。下面结合表5进行讨论。

将测量数据分成高低两组，例如将表5中的数据按L_0、L_1、L_2、L_3和L_4、L_5、L_6、L_7分成两组，将两组的对应项相减：

$$L_4 - L_0 = 1.38 \text{ cm} - 0.11 \text{ cm} = 1.27 \times 10^{-2} \text{ m} = L_{\text{I}}$$
$$L_5 - L_1 = 1.68 \text{ cm} - 0.42 \text{ cm} = 1.26 \times 10^{-2} \text{ m} = L_{\text{II}}$$
$$L_6 - L_2 = 1.95 \text{ cm} - 0.73 \text{ cm} = 1.22 \times 10^{-2} \text{ m} = L_{\text{III}}$$
$$L_7 - L_3 = 2.35 \text{ cm} - 1.04 \text{ cm} = 1.31 \times 10^{-2} \text{ m} = L_{\text{IV}}$$

从而有：

$$\bar{L} = \frac{1}{4} (L_{\text{I}} + L_{\text{II}} + L_{\text{III}} + L_{\text{IV}}) = 1.27 \times 10^{-2} (\text{m})$$

对于此钢丝伸长量L，若测量时系统误差很小，可用标准偏差S_L来大概估算其不确定度Δ_L：

$$\Delta_L = S_L = \sqrt{\frac{(L_{\text{I}} - \bar{L})^2 + (L_{\text{II}} - \bar{L})^2 + (L_{\text{III}} - \bar{L})^2 + (L_{\text{IV}} - \bar{L})^2}{4 - 1}} = 0.04 \times 10^{-2} (\text{m})$$

由于对L只相当于测4次，置信概率没有达到95%，故只是一个大体估计值。

三、实验数据的直线拟合

用作图法处理实验数据时，往往不如用函数表示来得明确，特别是根据图线定常数时，常常会出现较大的误差，而且在同一数据下由不同的人作图时往往得到不同的结果，所以我们希望从实验数据求出经验方程，这也称为方程的回归问题。这里只讨论一元线性回归。

探讨方程的回归问题时先要确定函数的形式,而函数形式一般根据理论推断或从实验数据的变化趋势中推测出来。如函数关系为线性时,可将方程表示为:

$$y = a + bx \tag{17}$$

如果函数关系为指数时:

$$y = ae^{bx} \tag{18}$$

函数关系难以确定时常用多项式表示:

$$y = a_0 + a_1x + a_2x^2 + \cdots + a_nx^n \tag{19}$$

下面就线性函数式(17)用最小二乘法原理进行讨论。

在某一实验中,设可控制的物理量取 $x_1, x_2, \cdots, x_n$,与之对应的物理量为 $y_1, y_2, \cdots, y_n$。为简便,假定 x_i 的测量误差很小,误差主要出现在 y_i 上。显然从 x_i、y_i 中任取两组数据就可以得出一条直线,但这条直线可能有较大的误差。如何用分析的方法从这些测量数据中得到一个最佳的经验公式 $y = a + bx$,就是直线拟合的任务。对于每一个 x_i,测量值 y_i 与最佳经验公式 y 值之间存在一个偏差 δy_i:

$$\delta y_i = y_i - y = y_i - (a + bx_i) \quad (i = 1, 2, \cdots, n)$$

最小二乘法的原理为:如各测量值 y_i 的误差互相独立且服从同一正态分布。当 y_i 的偏差的平方和最小时,将得到最佳经验公式。用这一原理可求出式(17)中的常数 a、b,用 s 表示 δy_i 的平方和:

$$s = \sum(\delta y_i)^2 = \sum[y_i - (a + bx_i)]^2 \tag{20}$$

为求式(20)的极小值,分别对 a、b 求偏微分并令其为零:

$$\frac{\partial s}{\partial a} = -2\sum(y_i - a - bx_i) = 0$$

$$\frac{\partial s}{\partial b} = -2\sum(y_i - a - bx_i)x_i = 0$$

以 $\bar{x}$、$\bar{y}$、$\overline{xy}$、$\overline{x^2}$ 分别表示各量的算术平均值(如 $\overline{xy} = \frac{1}{n}\sum x_iy_i$),整理后可得:

$$a = \bar{y} - b\bar{x} \tag{21}$$

$$b = \frac{\bar{x} \cdot \bar{y} - \overline{xy}}{\bar{x}^2 - \overline{x^2}} \tag{22}$$

将得出的 a、b 值代入式(17)便得到了最佳的经验公式 $y = a + bx$。

上面介绍的直线拟合法在科学实验中应用很广。对一些指数函数关系通过取对数变换后,也可化成直线形式的函数,这样也可以用直线拟合法进行处理。用式(21)、(22)得到的 a、b 值是最佳值,但并不是没有误差。直线拟合中的误差估计较复杂,不在这里介绍。一般来说,一列测量值的 δy_i 大(实验点对直线偏离大),那么由这列测量值计算的 a、b 值误差就大。反之亦然。

下面讨论实验数据的直线拟合中相关系数的问题,一元线性回归的相关系数定义为:

$$r = \frac{\overline{xy} - \bar{x} \cdot \bar{y}}{\sqrt{(\overline{x^2} - \bar{x}^2)(\overline{y^2} - \bar{y}^2)}}$$

可以证明，$-1 \leqslant r \leqslant 1$，当 x 与 y 完全不相关时 $r = 0$；当 x_i、y_i 全都在回归直线上时，$|r| = 1$。$|r|$ 值越接近 1，说明实验数据越集中在回归直线附近。此时用线性回归处理实验数据比较合理。反之，若 $|r|$ 值远小于 1，说明实验数据对求得的直线很分散，这时用线性回归就不合适，必须采用其他函数进行试探。用线性回归处理数据都要求进行相关性检验，一般为 $r > 0.9$ 就认为两个物理量相关性良好。有些计算器上有直接计算 r 和 a、b 的功能，用起来很方便。

习题

1.指出下列各数是几位有效数字。

（1）0.002　　　　（2）1.002　　　　（3）1.00　　　　（4）981.120　　　　（5）500

（6）38×10^4　　　（7）0.001350　　　（8）1.6×10^{-3}　　　（9）π

2.某一长度的测量数据为 $l = 3.58\,\text{mm}$，试用 cm、m、Å、km、μm 为单位表示结果。

3.用有效数字运算规则求以下结果。

（1）$57.34 - 3.574$　　　　　　　　　　（2）$6.245 + 10l$

（3）$403 + 2.5 \times 10^3$　　　　　　　　（4）$4.06 \times 10^3 - 175$

（5）$3572 \times \pi$　　　　　　　　　　　（6）4.143×0.150

（7）$36 \times 10^3 \times 0.175$　　　　　　　（8）$2.6^2 \times 5326$

（9）$24.3 \div 0.1$　　　　　　　　　　　（10）$\dfrac{8.0421}{6.038 - 6.034}$

4.确定下列各结果的有效数字位数。

（1）$\sin 31°1'$　　　　（2）$\cos 48°6'$　　　　（3）$\sqrt[3]{278}$

（4）$318^{0.6}$　　　　　（5）$\log 1.984$　　　　（6）$\ln 4562$

5.以下是一组测量数据，单位为 mm，请用函数计算器计算算术平均值与标准偏差：

12.314，12.321，12.317，12.330，12.309，12.328，12.331，12.320，12.318

6.用精密天平称一物体的质量，共称 10 次，其结果为：$m_i = $ 3.6127，3.6125，3.6122，3.6121，3.6120，3.6126，3.6125，3.6123，3.6124，3.6124，试计算 m 的算术平均值与标准偏差，若该测量的 B 类不确定度为 $\Delta_B = 0.1\,\text{mg}$，试计算 m 的不确定度。

7.将下面错误的式子选出来并改正。

（1）$l = 3.58 \pm 0.1\,(\text{mm})$

（2）$P = 31690 \pm 200\,(\text{kg})$

（3）$d = 10.43 \pm 0.03\,(\text{cm})$

（4）$t = 18.547 \pm 0.312\,(\text{s})$

（5）$R = 6371000 \pm 2000\,(\text{km})$

8.计算 $\rho = \dfrac{4M}{\pi D^2 H}$ 的结果及不确定度 Δ_ρ，并分析直接测量值 M、D、H 的不确定度对间接测量值 ρ 的影响（提示：分析间接测量不确定度合成公式中哪一项影响大），其中 $M = (236.124 \pm 0.002)\,\text{g}$，$D = (2.345 \pm 0.005)\,\text{cm}$，$H = (8.21 \pm 0.01)\,\text{cm}$。

第二章

中学和大学
物理实验衔接

实验1 长度的测量和改进设计

【温故】

初中学习让大家知道了,想要准确而严谨地解释一些科学现象,就要对研究对象进行定量描述。因此,我们必须对研究对象的某个物理特征进行测量。测量是一个把待测量与公认的标准量进行比较的过程。

初中物理实验中常见的长度测量仪器有米尺和直尺等。而初中老师们会利用口诀的形式帮助学生记忆流程,具体如下:

一选。 使用刻度尺前要观察刻度尺的零刻度线、量程和最小刻度值,根据测量待测量物体所需的准确度要求和估计待测物体的大概长度后选择合适的刻度尺。

二放。 测量时,刻度尺尺面要沿着待测长度放置,刻度线尽量紧贴被测物体。一般让零刻度线与待测物体的起始端对齐进行测量,使用零刻度线已被磨损的刻度尺时,让其他刻度线与待测长度的起始端对齐也可进行测量。

三看。 读数时视线应与刻度尺垂直,且正对刻度线。

四记。 应估读出最小刻度的下一位,记录时要带单位。

一、仪器介绍

(一)游标卡尺

在用直尺测量物体长度时,比如测得一支笔的长度为13.52 cm,其中13.5是可以从直尺上准确读出的,而末位数2则是估读的,即可疑数字,如果能够在直尺上装上一副尺(游标尺),让1/10 mm也能被准确地读出,就可以使测量准确度提高。

游标卡尺是为了提高测量精度、对长度微小量进行测量而采用的一种读数装置。游标卡尺是用游标原理制成的典型量具。

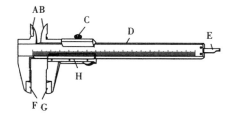

A.内量爪;B.内量爪;C.固定螺钉;D.主尺;E.深度尺;F.外量爪;G.外量爪;H.游标尺

图1-1 游标卡尺外形图

1. 结构

游标卡尺的外形结构如图1-1所示,主要由最小分度值为毫米的主尺D和套在主尺上可以滑动的游标尺H两部分构成。其中主尺的左端有两个垂直主尺的固定量爪A和F,游标尺的左端也有两个垂直于主尺的可活动的量爪B和G;另有一个深度尺E固定在尺框的背面;B、G和E均会随游标尺一起移动。

进行测量时,松开游标尺上方的固定螺钉C,游标尺可沿主尺自由滑动。外量爪F和G用于测量物体长度或圆柱体外径,量爪前端的刀刃用于测量有弯曲处的厚度。内量爪A和B用于测量空心物体的内径和其他尺寸。深度尺E则用于测量小孔等的深度。

2. 原理

游标尺上一共有 m 个等分格,而 m 个等分格的总长度和主尺上的 $(m-1)$ 个等分格的总长度相等。设游标尺上每个分格的长度为 x,主尺上每个分格的长度为 y,则有:

$$mx = (m-1)y$$

若主尺与游标尺最小分度差用 Δx 表示,则有

$$\Delta x = y - x = \frac{y}{m}$$

Δx 为游标尺能准确读数的最小单位,叫作游标卡尺的分度值。常用的游标卡尺分度值为0.1 mm、0.05 mm和0.02 mm,与它们相对应的游标卡尺分别为10分度、20分度和50分度游标卡尺。

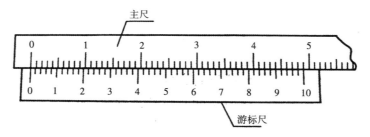

图1-2　游标卡尺开始测量前主尺和游标尺的相对位置

以50分度游标卡尺为例,如图1-2,其游标尺上共有50个分格,游标尺上的50个分格和主尺上的49个分格等长。设该游标尺的每个等分格的长度为 x,而主尺的每个等分格的长度 y=1 mm,则有:

$$\Delta x = \frac{1}{50} = 0.02 \text{ mm}$$

这就是50分度游标卡尺所能准确读出的最小单位。同理,当游标尺上共有10个分格时,游标尺的最小分度为1/10 mm=0.1 mm,称作10分度游标卡尺;当游标尺上共有20个分格时,游标尺的最小分度为1/20 mm=0.05 mm,称作20分度游标卡尺。

3. 读数

游标卡尺的读数表示的是主尺的0线与游标尺的0线之间的距离。

读数可分为两部分:

(1)从游标尺上0线的位置读出主尺的整数部分(毫米位)。以50分度游标卡尺为例,如图1-3所示,毫米及以上的整数部分直接从主尺上读出为21 mm。

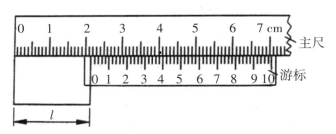

图1-3　游标卡尺读数方法

(2)根据游标尺上与主尺的刻度对齐的刻度线读出毫米以下的小数部分。此时要仔细判断游标尺上哪一根刻度线与主尺上的刻度线对得最齐,对得最齐的那根刻度线表示的数值就是要找的小数部分。

二者相加就是测量值。例如图中游标尺上的第24条线与主尺上的某根线对齐,则测量长度为21+24×0.02=21.48 mm。其中原因也很容易理解,最小分度值Δx=0.02 mm,那么游标尺上24格一共比主尺上的24格少了24×0.02 mm=0.48 mm,也就是游标尺的"0"线与主尺的21 mm线相距0.48 mm,因此原本直尺上需要估读的读数,可以直接在游标卡尺上读出。

为了方便读数,游标尺上刻有数字0~10,这样小数部分也可以直接读出,而不必计算$n\Delta x$。图中游标尺上与主尺对齐的是"4"刻度线后的第4条分度线,因此小数部分可以直接读出0.48 mm。10分度游标卡尺和20分度游标卡尺的读数方法类似,读数也是由两部分组成。

4. 注意事项

(1)游标卡尺使用前,应先将游标卡尺的卡口合拢,检查游标尺的0线和主尺的0线是否对齐。若对不齐说明卡口有零误差,应记下零点读数,用以修正测量值。

(2)游标卡尺的读数是不连读的,例如50分度游标卡尺,最后一位只能是0.02的倍数,例如0.02 mm、0.04 mm、0.06 mm等,其仪器误差为0.02 mm。

(3)测量时,待测物体要卡正,松紧要适当,切忌把夹紧的物体在卡口挪动。测量内、外径时应量在直径口最大处。

(4)使用完毕后,游标卡尺两卡口要留有间隙,然后将游标卡尺放入包装盒内,不能放置于潮湿的地方。

(二)螺旋测微器

螺旋测微器又叫作千分尺,是一种比游标卡尺更精密的长度测量仪器。一种常见的小型外径螺旋测微器如图1-4所示,其量程为25 mm,分度值是0.01 mm。螺旋测微器的主要结构是一个测微螺杆B,螺距是0.5 mm。因此,当测微螺杆旋转一圈时,它会沿轴线方向移动0.5 mm。具有沿圆周刻度的结构叫微分筒,一周等分为50分格,当微分筒转过一分格,螺杆沿轴线方向移动$\frac{1}{50}$×0.5 mm=0.01 mm,因此微分筒上的最小分度为0.01 mm,可以估读到0.001 mm,千分尺即由此得名。这里利用了机械放大原理。和游标卡尺不同,螺旋测微器是连续读数的仪器,单次测量的误差取它的最小分度值的一半,即0.005 mm。

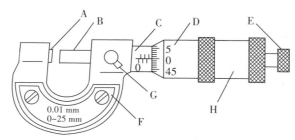

A.测砧;B.测微螺杆;C.固定套筒;D.微分筒刻度;E.棘轮;F.绝热板;G.锁紧装置;H.微分筒

图1-4　螺旋测微器外形图

螺旋测微器的读数可分为两步。首先,观察固定套筒上标尺读数准线所在的位置,可以从固定标尺上读出整数部分,刻度线在固定标尺横线上下等间距交替出现,一上一下两条刻度线相距0.5 mm;其次,以固定标尺横线为读数准线,读出0.5 mm以下的数值,估读到最小分度的$\frac{1}{10}$,然后两者相加。

如图1-5(a)所示,整数部分是5.5 mm,副刻度尺上的圆周刻度是20的刻线正好与读数准线对齐,即0.200 mm,所以,其读数值为5.5+0.200=5.700 mm。如图1-5(b)所示,整数部分是5 mm,而圆周刻度是10.0,即0.100 mm,其读数值为5 mm+0.100 mm=5.100 mm。

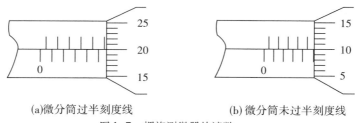

(a)微分筒过半刻度线　　　　　　　　(b)微分筒未过半刻度线

图1-5　螺旋测微器的读数

【使用方法和注意事项】

(1)使用螺旋测微器测量前要检查零点读数。让测砧和测微螺杆微微并拢,轻轻旋转棘轮旋柄,当听到"嗒嗒"声时代表两测量面接触,此时停止转动,记录零点读数d_0。

(2)测量时,应逆时针方向转动微分筒,使测微螺杆退出,再把待测物体放到两测量面之间,然后轻轻旋转棘轮旋柄。听到"嗒嗒"的声音时,说明待测物刚好被夹住,停止旋转,进行读数。

(3)对测量读数进行修正。如图1-6所示。修正时注意d_0的正负,其值均是测量读数d_1减去零点读数d_0,即$d=d_1-d_0$。

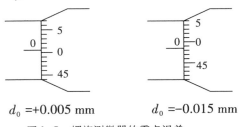

$$d_0 = +0.005 \text{ mm} \qquad d_0 = -0.015 \text{ mm}$$

图1-6 螺旋测微器的零点误差

(4)完成测量后使两测量面之间留些空隙,再放回盒中,以免热胀而破坏螺纹。

二、实验步骤

(一)实验1 用直尺测量铅笔长度

用直尺测量铅笔长度,将数据记录于表1-1中。

表1-1 用直尺测量铅笔长度

序号	长度L_1	$\left| L_{1i} - \overline{L}_1 \right|$
1		
2		
3		
4		
5		
平均值	$\overline{L}_1=$	

计算A类不确定度$\Delta_A=$＿＿＿＿mm(提示$\Delta_A=\sqrt{\dfrac{\sum_{i=1}^{n}(x_i-\overline{x})^2}{n-1}}$);

计算B类不确定度$\Delta_B=$＿＿＿＿mm(提示$\Delta_B=\Delta_{仪}$,直尺的仪器误差按照最小刻度值的$\dfrac{1}{2}$计算);

合成不确定度$\Delta=$＿＿＿＿mm;

测量结果表达式$L_1=$＿＿＿＿＿＿＿＿mm。

（二）实验2　用改进的方法测量铅笔长度

在教学过程中,同学们发现单用直尺测量不够准确,测量过程中也存在很多问题,他们参考硬币直径的测量(如图1-7)给出了更好的方法,把硬币换成横放的铅笔。

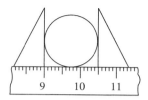

图1-7　用直尺和三角尺测量硬币直径示意图

你觉得这个方法好吗？ 如果觉得好可以实践并填写表1-2。

如果觉得不够好,可以在下面方框中画出你认为好的直尺测量铅笔长度示意图。

利用改进后的方法(如图1-7或者你设计的)测量铅笔长度数据,并记录在表1-2中。

表1-2　用你的方法测量铅笔长度

零点读数 $L_0 =$ _____ mm

序号	测量值 L	长度 $L_2 = L - L_0$	$\left| L_{2i} - \overline{L}_2 \right|$
1			
2			
3			
4			
5			
平均值		$\overline{L}_2 =$	

计算 A 类不确定度 $\Delta_A =$ _____ mm(提示 $\Delta_A = \sqrt{\dfrac{\sum_{i=1}^{n}(x_i - \overline{x})^2}{n-1}}$);

计算 B 类不确定度 $\Delta_B =$ _____ mm(提示 $\Delta_B = \Delta_仪$);

合成不确定度 $\Delta =$ _____ mm;

实验结果表达式 $L_2 =$ _____ mm。

【提出问题】

在科学教学中,"提出问题"是非常重要的一个环节。而学习大学物理其实并不是希望所有人记住大学物理的那些知识,毕竟大多数同学在以后的工作和生活中并不会经常用到坐标系、受力分析、电磁理论、干涉和衍射。但是在大学物理课程和实验中学到的科学方法和技能可以用在生活的各个方面。

你觉得到目前有什么问题吗? 有两个问题可以被提出:

(1)改良后的方法好操作吗?

(2)用直尺直接测量的铅笔长度 $L_1=$＿＿＿＿＿＿＿＿,和用你的方法测量的铅笔长度 $L_2=$＿＿＿＿＿＿＿,到底哪个更为准确呢?

这时我们需要更加精密的仪器和工具,利用它测量出的数据作为评判标准。可以用游标卡尺测量铅笔长度后填写表格。

(三)实验3　用游标卡尺测量铅笔长度

将数据记录于表1-3中。

表1-3　用游标卡尺测量铅笔长度

零点读数 $L_0=$＿＿＿＿＿mm

序号	测量读数 L	长度 $L_3=L-L_0$	$|L_{3i}-\overline{L}_3|$
1			
2			
3			
4			
5			
平均值		$\overline{L}_3=$	

计算 A 类不确定度 $\Delta_A=$＿＿＿＿＿mm(提示 $\Delta_A=\sqrt{\dfrac{\sum_{i=1}^{n}(x_i-\overline{x})^2}{n-1}}$);

计算 B 类不确定度 $\Delta_B=$＿＿＿＿＿mm(提示 $\Delta_B=\Delta_{仪}$);

合成不确定度 $\Delta=$＿＿＿＿mm;

实验结果表达式 $L_3=$＿＿＿＿＿＿mm。

因为游标卡尺的测量精度更高,可以以它的测量结果作为评判标准,最终你的结论是什么?

如果你是科学老师,你会建议学生使用什么方法呢? 并说明理由。

在实验设计中,大家在提出有创造性的设计方案时,往往忽略这个方案的数据处理以及测量结果的不确定度分析。所以每个人都可以说自己的设计方案最好。好不好,先实践下再说,别忘了带上秘密武器——不确定度。

(四)实验4　用螺旋测微器测量金属丝直径

用螺旋测微器测量金属丝直径,将数据记录于表1-4中。

表1-4　用螺旋测微器测量金属丝直径

零点读数 $d_0=$ _____mm

序号	测量读数 d'	直径 $d = d' - d_0$	$|d_i - \bar{d}|$
1			
2			
3			
4			
5			
平均值		$\bar{d} =$	

计算 A 类不确定度 $\Delta_A=$ _____mm(提示 $\Delta_A = \sqrt{\dfrac{\sum_{i=1}^{n}(x_i - \bar{x})^2}{n-1}}$);

计算 B 类不确定度 $\Delta_B=$ _____mm(提示 $\Delta_B = \Delta_{仪}$);

合成不确定度 $\Delta =$ _____mm;

实验结果表达式 $d=$ _____mm。

【思考题】

1.在教学中,我们经常会要求学生选择可以一次测出长度的测量工具,而不是测多次后相加,你能否从不确定度的角度分析其中原因?

2.四个同学用最小刻度值是1 mm、最大量程20 cm以下的直尺去测量一块大衣柜的玻璃,他们所测结果中最正确的是(　　)。

A.118.7 cm　　　　B.118.75 cm　　　　C.118.753 cm　　　　D.1187.5 cm

部分同学认为B是正确选项,因为刻度尺要估读一位。那么从误差分析角度看,你会选择哪个选项呢?

实验2 密度的测量

【温故】

这是从一本书里摘抄的初中密度测量实验,请大家一边阅读一边回忆有关知识点。

(1)用量筒量取 20 cm³ 的水,用天平测出它的质量。

(2)用量筒量取 40 cm³ 的水,用天平测出它的质量。

(3)用量筒量取 60 cm³ 的水,用天平测出它的质量。

表2-1 水的密度测量

序号	体积 V	质量 $m = m_2 - m_1$	密度 $\rho = \dfrac{m}{V}$
1	20 cm³		
2	40 cm³		
3	60 cm³		

算出水的质量与体积的比值,即算出单位体积水的质量——密度。

具体实验流程如下:

(1)用 100 mL 的量筒准确量取一定体积(例如 V=20 cm³)的水;

(2)调节天平平衡,测出空烧杯的质量 m_1;

(3)将量筒中的水倒入空烧杯中,用天平测出烧杯和水的质量 m_2;

(4)计算可得烧杯中水的质量为 m_2-m_1,从而计算出水的密度=质量/体积=$(m_2-m_1)/V$;

(5)上述过程再重复2次,测出 40 cm³ 和 60 cm³ 水的密度;

(6)将三次密度计算结果求平均值。

这个实验需要哪些实验仪器? 请写在下面的横线上:

_____

这个实验有什么问题吗? 如果需要更多信息,可以阅读下面量筒和天平的使用。

一、仪器介绍

(一)量筒

量筒是用来量度液体体积的一种玻璃仪器。一般有 10 mL、25 mL、50 mL、100 mL 和 1 000 mL 等规格。规格用所能量度的最大容量(mL)表示,外壁刻度都是以 mL 为单位,10 mL 量筒每小格表示 0.2 mL,而 50 mL 量筒每小格则表示 1 mL。可见量筒越大,管径越粗,其精确度越小,由视线的偏差所造成的读数误差也越大。分次量取也许会引起更大误差。和直尺不同的是量筒没有零刻度,一般起始刻度为总容积的1/10。使用口诀和流程如下:

一选。在实验中应根据所取溶液的体积,尽量选用能一次量取的最小规格的量筒。如量取 70 mL 液体,应选用 100 mL 量筒。

二倒。向量筒里注入液体时,左手拿住量筒,使量筒略倾斜,右手拿试剂瓶,使瓶口紧挨着量筒口,使液体缓缓流入。待注入的量比所需要的量稍少时,把量筒放平,改用胶头滴管滴加到所需要的量。

三放。注入液体后,等 1~2 分钟,使附着在内壁上的液体流下来,再读出刻度值。否则读出的数值可能偏小。其次应把量筒放在水平面上。

四读。读数时,刻度面要对着人。另外大多数液体静止时,液面在量筒内呈凹形。读数时,视线要与量筒内凹形液面中央最低处保持水平,如图 2-1 所示。否则读数会偏高或者偏低。

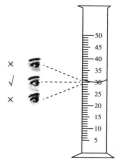

图 2-1　量筒刻度的读法

这里需要注意的是量筒面的刻度对应温度在 20 ℃时的体积数。温度升高,量筒发生热膨胀,容积会略有增大。此外量筒是不能加热的,也不能用于量取过热的液体,更不能在量筒中进行化学反应或配制溶液。

(二)天平

天平主要有托盘天平、分析天平和电子天平等。

托盘天平是实验室粗称物品不可缺少的称量仪器。每台天平能够测量的最大质量叫作天平的称量。托盘天平的称量(最小准称量)有 1 000 g（1 g）、500 g(0.5 g)、200 g(0.2 g)和 100 g(0.1 g)。用天平测量物体的质量时物体的质量不能超过天平的称量。另外,要注意保持天平干燥、清洁,不要把潮湿的物体和化学药品直接放在托盘里,不要把砝码弄湿、弄脏,以免锈蚀。

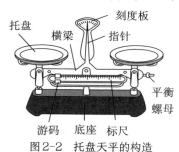

图 2-2　托盘天平的构造

托盘天平的构造如图 2-2 所示,通常横梁架在底座上,横梁中部有指针与刻度盘相对,根据指针在刻度盘上左右摆动的情况,判断天平是否平衡。

正确使用托盘天平的流程如下:

一调。把天平放在水平面上,把游码移到横梁标尺左端的"0"刻度线处。调节横梁两端的平衡螺母,使指针对准刻度盘中央的刻度线,这时横梁平衡。

二称。把被测物体放在左盘,估计物体的质量,用镊子向右盘逐个加减砝码,先试加质量大的砝码,若偏大则改为小一挡,最后再调节游码在横梁标尺上的位置,直到天平恢复平衡。这时盘里砝码的总质量加上游码指示的质量值,就等于被测物体的质量。

三整。称量完毕,用镊子将砝码逐个放回砝码盒内,取下物品,并把游码归零。

(三)物理天平

物理天平的构造如图2-3所示,天平横梁B上装有三个刀口,中间主刀口E安置在支柱顶端的玛瑙刀垫上,作为横梁的支点,两侧刀口上各悬挂一个托盘,分别是载物托盘K和砝码托盘N,横梁下面装有读数指针I。当横梁摆动时,指针尖端就在支柱下方的标尺L前摆动。支柱下端的制动旋钮M可以使横梁上升或下降,横梁下降时,制动架F就会把它托住,以保护刀口。横梁两端的两个平衡螺母C是天平空载时调平衡用的。

每台物理天平都配有一套砝码,因为1 g以下的砝码太小,用起来不方便,所以在横梁上附有可以移动的游码A。支柱左边的托盘J可以托住不被称衡的物体。

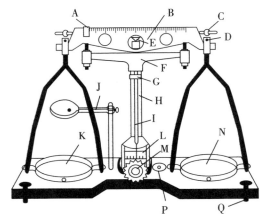

A.游码;B.横梁;C.平衡螺母;D.边刀;E.主刀口;F.制动架;G.重心调节螺丝;H.支柱;I.指针;J.托盘;K.载物托盘;L.标尺;M.制动旋钮;N.砝码托盘;P.水准器;Q.底角螺丝

图2-3　物理天平构造图

物理天平的操作步骤如下。

一调平。调整天平的底角螺丝,使底盘上的圆形水准器的气泡处于中心位置[有的天平是使铅锤和底盘上的准钉(水准器)正对],以保证天平的支柱垂直,刀垫水平。

二调零。先观察各部位是否正确,例如托盘是否挂在刀口上,然后才调准零点。先将游码置于横梁左端零线处,启动天平,观察指针是否停在零位处或左右摆动不超过一分格时是否等偏。若不平衡,先制动天平,调节平衡螺母,反复数次,直至平衡,然后制动待用。

三称量。将待测物体放在左盘,用镊子取砝码放在右盘,增减砝码并移动游码,使天平平衡。

四读数。将制动旋钮向左旋动,制动天平,记下砝码和游码读数。

五整理。将待测物从盘中取出,将砝码放回盒中,将游码放回零位,最后把托盘的吊挂摘离刀口,将天平完全复原。

另外,在操作时还要注意以下几点:

(1)天平的负载不能超过其称量。

(2)在调节天平、取放物体、取放砝码以及不用天平时,都必须将天平制动,以免损坏刀口。只有在判断天平是否平衡时才能启动天平。天平启动、制动时动作要轻,制动最好在天平指针接近标尺中线刻度时进行。

(3)待测物体和砝码要放在托盘正中,砝码不能直接用手去拿,只能用镊子夹取。称量完毕,砝码必须放回盒内原位置,不得随意乱放。

(4)称量后,一定要检查横梁是否落下,两托盘的吊挂是否摘离刀口,挂于横梁刀口内侧,砝码是否按顺序放回原处。

二、实验步骤

(一)用托盘天平测量液体密度

如果严格按照量筒使用规范,前面案例中需要三种规格的量筒(25 mL,50 mL和100 mL)分别来量取20 mL,40 mL和60 mL的水。推测该案例设计初衷可能是希望训练学生选择实验仪器的能力。但一般建议采用同一个规格量筒,然后量取液体体积接近量筒的规格,以减少相对误差。同时还要有滴管、烧杯(多个)和天平(称量为100 g)。当然,如果只准备一个烧杯,配备纱布擦拭烧杯也可以。

请按照修正后的流程进行多次测量,填写表2-2。

【数据处理】

表2-2　水的密度测量

组别	体积 V	烧杯质量 m_1	烧杯和水质量 m_2	水质量 $m=m_2-m_1$
1				
2				
3				
4				
5				
平均值			$\overline{m}=$	

计算水质量 m 的 A 类不确定度 $\Delta_A=$ _____ g(提示 $\Delta_A=\sqrt{\dfrac{\sum_{i=1}^{n}(x_i-\overline{x})^2}{n-1}}$);

根据天平的误差限,确定 m 的 B 类不确定度 $\Delta_{仪}=$＿＿＿g;

在量取一定量的水时,我们可以通过滴管来保证水的凹液面最低处与量筒上同一刻度线对齐。因而此处仅考虑量筒的误差限,即 $\Delta_V = \Delta_{仪}$。

根据 $\Delta=\sqrt{\Delta_A{}^2 + \Delta_{仪}{}^2}$,计算出水质量 m 和体积 V 的不确定度,填入表 2-3,并进一步计算密度的不确定度。

表 2-3　数据处理表

	ρ 的相关计算	
不确定度	$\Delta_V=$	
	$\Delta_m=$	
ρ	$\overline{\rho}=\dfrac{\overline{m}}{V}=$	
$E=\dfrac{\Delta_\rho}{\rho}$	$E=\sqrt{(\dfrac{\Delta_V}{V})^2 + (\dfrac{\Delta_m}{m})^2}=$	

水密度的不确定度 $\Delta_\rho=\overline{\rho}\times E=$＿＿＿$g/cm^3$;

最后结果表达式 $\rho=$＿＿＿＿＿g/cm^3。

【提出问题】

看到这里你有什么想法?

很多同学认为:量筒倒出液体后其实并没有倒干净,会有一些残留,这些残留会导致最后测得的液体质量偏小,最终导致计算出的密度值也偏小。

他们还给出改进方案:

(1)用量筒准确量取体积为 V_1 的水;

(2)调节天平平衡,测出空烧杯的质量 m_1;

(3)将量筒中的水部分倒入空烧杯后再次读数,得到量筒中剩余水的体积为 V_2;

(4)用天平测出此时烧杯和其中水的总质量是 m_2。

计算可得烧杯中水的质量为 m_2-m_1,对应体积为 V_1-V_2,从而计算出水的密度=质量/体积 $=(m_2-m_1)/(V_1-V_2)$。

你觉得哪种方法好呢? 为什么?

_____

_____

_____

大家有质疑精神非常好,而争议的焦点其实在于:当我们将液体倒入量筒后,量筒测量的对象到底是什么?

在回答这个问题之前,可以先思考这么几个问题:

(1)量筒的设计目的是什么? 倒入量筒的水接下去会去哪里? 倒掉还是配制溶液?

（2）从量筒诞生之初到现在都没有人注意过这个问题吗？

（3）如果你是第一个发现这个问题的人，你打算如何解决？

非常遗憾，你不是第一个发现这个问题的人，而这个问题也已经被解决了。

量筒其实有两种，一种是量入式量筒，还有一种是量出式量筒。量入式量筒测量的是倒入量筒的液体的体积。但一般我们常见的量筒多为量出式，也就是它测量的是从量筒里倒出液体的体积。因为接下去实验者还会使用这些液体去进行别的操作，比如配制溶液。为了保证量筒测量的是从量筒里倒出的液体体积，厂家在设计和制造量筒时已经考虑到有残留液体（或者说考虑到液体挂壁影响体积测量）这一点。

上面的经历告诉我们，在使用仪器前，应该知道它的工作原理、基本结构、量程、操作步骤、读数方法等，养成严格按照操作规则正确使用仪器的习惯，以得到更好的实验结果。

但也有同学坚持认为，既然这样改进后的方法也没问题，为什么不能使用呢？在初中科学实验中学生是不用进行误差分析的，所以看起来好像没什么区别。但学习了大学物理实验后你就会发现其中的区别：量筒在使用时是不估读的，每一次测量结果中除了有仪器误差，读数也会带来较大的偶然误差，改进的方法需要多测一次液体体积，除了使实验流程更加复杂，还会给最终结果带来更大误差。

初中密度测量实验的改良和创新方法很多，如果出发点是鼓励初中生勇于创新和深入思考，那是非常好的。但如果有老师认为某个方法比教材中更好或者更方便，想要在课堂上传授给学生，则需要先进行实验、记录数据和分析不确定度，让数据来说话。只有不确定度在一定的范围内，这个方法才是可以实施的好方法。

还有同学提出：托盘天平的仪器误差比较大，我们是否可以采用更加精密的仪器进行测量？对！还可以使用物理天平或者分析天平。

（二）用物理天平测量液体密度

请大家仿照之前的流程进行实验操作，同时绘制表格，记录并分析数据。

（三）用液体静力称衡法测固体密度

固体的质量可用天平测量，规则物体的体积可以通过测量其长度计算得到，不规则物体的体积，则可采用液体静力称衡法测量。当物体的密度比液体大时，可以用细线悬挂物体，然后使其完全浸没在液体中，但不要触及杯底或者杯壁。根据阿基米德原理可知，物体在液体中受到的浮力和它所排开相同体积液体所受到的重力是相等的（可将力换算成质量）。如果用物理天平测得固体在空气中的质量 m_1（忽略空气阻力）和全部浸没在水中的质量 m_2，则和物体体积相同的水的质量为 $m_1 - m_2$，体积为：

$$V = \frac{m_1 - m_2}{\rho'}$$

式中 ρ' 为水的密度，则物体的密度：

$$\rho = \frac{m_1}{V} = \frac{m_1}{m_1 - m_2}\rho'$$

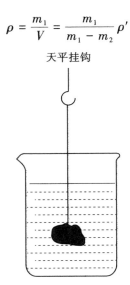

图2-4　用液体静力称衡法测固体密度

请大家测量圆柱体钢块的密度,可参考之前的内容绘制表格,记录并分析数据。

【思考题】

如果物体的密度比水小,这种方法还可以用吗?是该更换液体,还是该想办法让物体完全浸没在水中?此时的计算公式是什么?

实验3　简单电路实验的改进和电阻的测量

【温故】

简单电路

在电流测量中,一般从研究串、并联电路的电流特点开始。

目标:

(1)初步学会串联电路和并联电路的连接方法;了解开关对电路的控制作用。

(2)初步学会使用电流表测电路里的电流。

(3)了解串联电路和并联电路中各部分电流的关系。

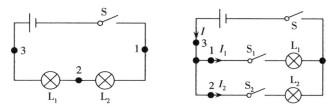

图3-1　研究串、并联电路的电流特点的电路图

实验过程如下:

(1)如图3-1所示连接好电路,注意在连接电路时开关S应断开。

(2)闭合和断开开关,观察并记录两灯是否发光。

(3)用电流表分别测出图中1、2、3位置的电流I_1、I_2、I。

我们发现这两个实验都是测量1、2、3三个位置的电流。使用的用电器都为小灯泡,如果有同学把小灯泡换成任意电阻呢? 可以吗? 这里对于电阻阻值是否有要求? 在科学实验中,往往默认电表都为理想电表,所以认为电流表的加入对于实验的测量结果没有影响。但如果我们考虑电流表有内阻时:

(1)电流表的加入是否会影响电流?

(2)用同一电流表分别测1、2、3三个位置电流时,是否会影响验证"串联电路的电流处处相等",是否会影响验证"并联电路支路电流之和等于干路电流"呢?

(3)如果会,应该如何改进呢? 请将改进后的电路图画在方框中。

【提出问题】

(1)如果把电流表改成电压表,验证串、并联电路的电压特点,串联和并联电路哪个需要改进呢?

(2)原本只用一个电表,如果现在你同时使用多个电表,是否会产生新的问题呢?

一、仪器介绍

(一)直流电流表

1. 直流电流表介绍

直流电流表是用来测量直流电路中电流强度的仪器。它的构造和指针式检流计基本相同,只是在检流计的线圈两端并联了一个阻值较小的分流电阻。按照量程的不同,电流表可以分为微安表、毫安表、安培表三类。

图3-2 直流电流表

2. 电流表规格

(1)量程:指针偏转满刻度时的电流值。一般实验室用的电流表常有几个量程。它有两个以上的接线柱,其中一个是共用接线柱,其余是标有量程数值的接线柱,实验时应注意选择合适的量程。

(2)内阻:表头的内阻R_g与分流电阻的并联总和。量程越大的电流表内阻越小,一般微安表内阻在1 000~3 000 Ω范围内,毫安表内阻在100~200 Ω范围内,安培表内阻在1 Ω以下。

3. 注意事项

(1)电流表应串联在电路中使用,连接方向是让电流从表的"+"端流入,从"-"端流出。

（2）合理选择量程。量程太小会烧坏电表；选用的量程太大，会因指针偏转太小而降低测量的精确度。通常选择量程应尽可能使指针偏转超过满刻度的$\frac{2}{3}$以上。

（二）直流电压表

1. 直流电压表简介

直流电压表是用来测量电路中某两点间电位差的仪器。它是在检流计线圈以外串联一个阻值较大的电阻而成的。按照量程的不同，电压表可分为毫伏表和伏特表两类，电压表一般是多量程的。

图3-3　直流电压表

2. 电压表规格

（1）量程：指针偏转满刻度时表示的电压。

（2）内阻：表头内阻和分压内阻的串联总和。对于多量程表，不同的量程，其内阻也不同，但是各量程的每伏欧姆数都是相同的，所以电压表内阻一般以"×××Ω/V"表示，计算各量程的内阻可用下式：

$$内阻=量程×每伏欧姆数$$

3. 注意事项

（1）电压表应并联在电路中使用，连接方向是让电流从表的"+"端流入，从"−"端流出。

（2）测量的两端电压不应超出电压表的量程。在测量之前，先要"试触"，判断被测电压是否超过电压表的量程。

（三）电阻箱

1. 电阻箱简介

电阻箱是一种数值可以调节的精密电阻组件，在实验中常把它作为标准电阻使用。

它由若干个数值确定的固定电阻元件组合而成,装在一个匣子里,把阻值标在面板上,通过转盘位置的变换来获得1~9 999 Ω或0.1~99 999.9 Ω的不连续电阻值。下面以ZX21型旋转式电阻箱为例进行简单介绍。

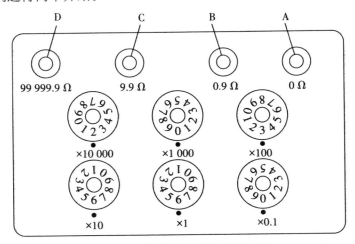

图3-4　ZX21型旋转式电阻箱面板示意图

图3-4为ZX21型旋转式电阻箱的面板图。它有A、B、C、D四个接线柱,分别标有最大电阻0 Ω、0.9 Ω、9.9 Ω和99 999.9 Ω。它有六个转盘,在每个转盘上都标有0~9十个数,在转盘旁分别标有倍率×10 000,×1 000,×100,×10,×1,×0.1,并用点或箭头表示读数位置。读数时只要将转盘上对准点的数乘以各转盘的倍率后相加,即为接线柱A与D(或B或C)之间的电阻值。如图3-4所示,若使用A和D接线柱,则读数为(2×10 000+0×1 000+3×100+6×10+6×1+0×0.1) Ω=20 366.0 Ω。

2. 电阻箱的规格

(1)最大电阻:电阻箱的总电阻。如ZX21型旋转式电阻箱,最大电阻为99 999.9 Ω。

(2)额定功率:指电阻箱每个电阻的功率额定值,一般电阻箱的额定功率为0.25 W。

(3)零值电阻:电阻箱指示读数为零时,实际存在的接触电阻。不同级别的电阻箱,其接触电阻不同。

3. 电阻箱使用注意事项

(1)对电阻箱进行定期维护、计量检定、清理。

(2)电阻箱使用时,要留意电流量不可以超出电阻箱能够容许的额定电流,绝不能超出极限输出功率。

(3)电阻箱的仪器误差。

电阻箱的仪器误差的计算式为:

$$\Delta_{仪}R = \sum_i a_i\% \cdot R_i + R_0$$

式中,a_i为电阻箱各转盘的准确度等级,R_i为各示值盘的示值,R_0为零值电阻,常在铭牌上标出各转盘的不同准确度等级。较早期的电阻箱的准确度处理得比较粗糙,只给出单一等级,各电阻转盘的准确度视为相同,也不太合理。图3-5是ZX21型电阻箱的铭牌,第二行的数值和准确度等级有关,由此可换算出该转盘准确度等级百分数$a_i\%$。以×10 000示值盘为例,有$a_i\% = 1\,000 \times 10^{-6} = 0.001 = 0.1\%$,故该转盘准确度等级$a = 0.1$。同理可得其他各电阻盘的准确度等级:×10 000和×100各电阻盘均为0.1级,×10电阻盘为0.2级,×1电阻盘为0.5级。可见电阻越小,准确度越低。

×10 000	×1 000	×100	×10	×1	×0.1
1 000	1 000	1 000	2 000	5 000	$50\,000 \times 10^{-6}$

$$R_0 = (20 \pm 5)\,\text{m}\Omega$$

图3-5　ZX21型旋转式电阻箱铭牌

根据国家标准,电学仪表按照其准确度大小被划分为若干等级,其基本误差限可通过准确度等级的有关公式算出。一般指针式电流表和电压表,在规定条件下使用时误差的最大限为:

$$\Delta_{\text{仪}} = \pm 量程 \times 准确度等级/100$$

电表的准确度等级,共分为0.1,0.2,0.5,1.0,1.5,2.5,5.0七级。

例如,0.5级电压表量程为3.0 V时,

$$\Delta_{\text{仪}} = \pm \frac{3.0 \times 0.5}{100} = \pm 0.015(\text{V}) \approx 0.02(\text{V})$$

二、实验步骤

凡是用电流表和电压表直接或间接测量某些电学参量的方法,统称为伏安法。在初中里,通常认为电流表的内阻为零,认为电压表内阻为无穷大,所以用电压表可直接测得导体两端的电压,用电流表测得通过导体的电流,然后根据欧姆定律直接计算电阻,为:

$$R = \frac{U}{I} \qquad (3\text{-}1)$$

但实际上由于电表内阻都为非零有限值,所以我们无法同时测得导体两端的电压和通过导体的电流。伏安法测电阻通常有两种接线方法,如图3-6所示。

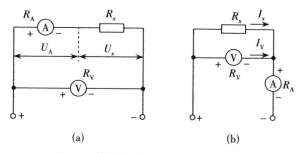

图3-6　伏安法测电阻的两种接线电路图

图3-6(a)所示电路中,电流表接在电压表内侧,称为电流表内接法。电流表读数I确实是通过R_x的电流,但电压表测出的电压U是R_x两端的电压U_x和电流表内阻R_A两端电压U_A之和,为:

$$U = U_x + U_A = I(R_x + R_A)$$

据欧姆定律得:

$$R = \frac{U}{I} = R_x + R_A$$

所以:

$$R_x = R - R_A = \frac{U}{I} - R_A \qquad (3-2)$$

从式(3-2)中可以看出,测出的电阻R比实际电阻R_x偏大。其相对误差为:

$$E = \frac{|R - R_x|}{R_x} \times 100\% = \frac{R_A}{R_x} \times 100\% \qquad (3-3)$$

由此可以看出,当$R_A \ll R_x$时,此时使用电流表内接相对误差较小。

图3-6(b)所示电路中,电流表接在电压表外侧的接线方法称为电流表外接法。电压表测出的电压U确实为电阻R_x两端的电压,即$U = U_x$,但电流表测出的电流I是电阻R_x支路的电流I_x和电压表支路电流I_V的和,即$I = I_x + I_V$。利用式(3-1)得:

$$\frac{1}{R} = \frac{I}{U} = \frac{I_V + I_x}{U_x} = \frac{I_V}{U_x} + \frac{I_x}{U_x} = \frac{1}{R_V} + \frac{1}{R_x}$$

其中R_V为电压表内阻,则:

$$R = \frac{R_V R_x}{R_V + R_x}$$

可以看出,$R=U/I$计算的是电阻R_x和R_V并联电路的总电阻值,测量值R比实际值R_x偏小。其相对误差:

$$E = \frac{|R - R_x|}{R_x} = \frac{|\frac{R_V R_x}{R_V + R_x} - R_x|}{R_x} = \frac{R_x}{R_x + R_V} \qquad (3-4)$$

可以看出当$R_V \gg R_x$时,系统误差会相对较小。此时导体电阻值为:

$$R_x = \frac{R R_V}{R_V - R} = \frac{R_V U}{R_V I - U} \qquad (3-5)$$

当然除了电流表、电压表的内阻,接线也会引起待测导体电阻值偏大或偏小。但一般在计算过程中,我们很少考虑导线的电阻和接线的影响。通常为了减少相对误差,首先要根据R_A、R_V和R_x的大小粗略估计,采用一种合适的接线方法。当$R_x \gg R_A$时(两个数量级以上),可忽略R_A的影响,用电流表内接;当$R_x \ll R_V$时,而R_x又不能远大于R_A时,可采用电流表外接线法。然后再用式(3-2)或式(3-5)进行修正。

请大家挑选合适的导体按照图3-6连接电路,然后将数据记录在表3-1中。

表3-1　伏安法测电阻数据记录表

电压表量程（V）	电流表量程（mA）	$R_V(\Omega)$	$R_I(\Omega)$	准确度等级 U	准确度等级 I	U(格)	I(格)	U(V)	I(mA)	$R_x(\Omega)$

如果直接用欧姆定律 $R = U/I$ 求得待测电阻,那么本实验的系统误差来源为：

①方法误差,即电流表外接而产生的方法误差；

②电压表误差；

③电流表误差。

其中①属于可定系统误差,如果不修正会带来相对误差 E,如式(3-4)。

实际上在计算不确定度前可以利用公式进行修正,修正后 $R_x=$＿＿＿＿＿＿Ω

②和③的误差来源较多,包括仪器误差和接线误差等,在本实验条件下可由相应仪器的仪器误差限来评定,比如当我们使用的仪器和参数如下：1.0级电压表,量程为3.0 V,内阻 $R_V \pm \Delta R_V = (1.001 \pm 0.004)$ kΩ；1.0级电流表,量程为150 mA。

$\Delta_V = \Delta_{仪}U = 3.0 \times 1.0\%$ V $= 0.03$ V

$\Delta_A = \Delta_{仪}I = 150 \times 1.0\%$ mA $= 1.5$ mA

表3-2根据式(3-5)修正后的电阻表达式给出电流表外接时各项不确定度分量和传递系数：

表3-2　R_x 不确定度公式中各分量计算

序号	Δx_i	$\partial f / \partial x_i$	$\left\| \dfrac{\partial f}{\partial x_i} \right\| \Delta x_i$
1	$\Delta_V = 0.03$ V	$R_V^2 I/(R_V I - U)^2$	
2	$\Delta_A = 1.5$ mA	$- R_V^2 U/(R_V I - U)^2$	
3	$\Delta_{R_V} = 0.004$ kΩ	$- U^2/(R_V I - U)^2$	

将上面的计算结果代入 $\Delta_{R_x} = \sqrt{[\dfrac{\partial R}{\partial U} \Delta_V]^2 + [\dfrac{\partial R}{\partial I} \Delta_A]^2 + [\dfrac{\partial R}{\partial R_V} \Delta_{R_V}]^2} =$ ＿＿＿＿＿＿Ω

$R_x \pm \Delta_{R_x} =$ ＿＿＿＿＿＿Ω

也有大学物理实验教材这样计算系统误差(如表3-3)。

表3-3　数据处理表

仪器误差	$\Delta_V =$
	$\Delta_A =$
R	$R = \dfrac{U}{I} =$
修正后 R_x	$R_x = \dfrac{R R_V}{R_U - R} =$
$E = \dfrac{\Delta R}{R}$	$E = \sqrt{(\dfrac{\Delta_V}{V})^2 + (\dfrac{\Delta_A}{I})^2} =$

$$\Delta_{R_x} = E \times R_x = \underline{\hspace{2cm}} \Omega$$

$$R_x \pm \Delta_{R_x} = \underline{\hspace{2.5cm}} \Omega$$

这个方法看上去要简单很多。但结果怎么样？请大家通过计算说明这两种方法计算出的系统误差的差别有多大。你觉得哪种方法计算的结果更加准确呢？另外，在日常实验中你会选择哪种方法呢？

小学时经常要做计算题，比如"$2.1 \times 2.1 = \underline{\hspace{1.5cm}}$"，如果你回答4.4，老师一定会给你一个大大的红叉，但在物理实验中，你的回答仅带来0.2%的误差，不论对于中学物理或一般大物实验而言，都在可以接受的精度范围内。另外如果考虑到有效数字，有时你的回答才是正确的。

【举一反三】

如果采用电流表内接，请你画出电路图并设计表格来记录和处理数据。此时你会选择上面哪种方法计算修正后的电流表外接时的系统误差？

实验4　微小长度的测量

【温故】

在初中实验中,没有微小长度的直接测量,往往采用累积法进行间接测量。但对微小对象的观察,大家应该非常熟悉。经过显微镜对光线的折射作用,我们可以看到植物细胞或动物细胞被放大很多倍后的虚像,但到底被放大了多少倍呢?

同学会说:这个很容易,用显微镜目镜的放大倍数×物镜的放大倍数就可以了。真的是这样吗? 为了解决这个问题,我们需要学习一种能够帮助我们解决问题的显微镜——读数显微镜。

一、仪器介绍

(一)读数显微镜

读数显微镜(也叫移测显微镜)是物理实验室的必备光学仪器,用途广泛,既能精密测量微小的长度、孔距、直径等,又可作为低倍数放大观察器件使用。

读数显微镜的种类较多,各读数显微镜的量程、分度值和视角放大率等有不同的规格,但功能相差不多。常用的JCD-Ⅲ型读数显微镜结构如图4-1所示。目镜A可用锁紧螺钉B固定于目镜接筒T上,为了使用方便,棱镜室S可在水平方向上360°旋转,可用锁紧螺钉R锁紧。物镜组O固定在镜筒P下方,调焦手轮C可使镜筒上下移动完成调焦。转动测微鼓轮E,显微镜就会沿着导轨移动。旋动锁紧手轮F,可将主轴H固定在接头轴G中旋转,同理旋动锁紧手轮J可以使显微镜主体升降,注意调整好后要用锁紧手轮使其固定。根据使用要求的不同,方轴可插入接头轴的另一十字孔中,使镜筒处于水平位置。压片M用来固定待测元件,旋转反光镜旋轮L可调节反光镜方位。半反镜组N是专为牛顿环实验配置的。

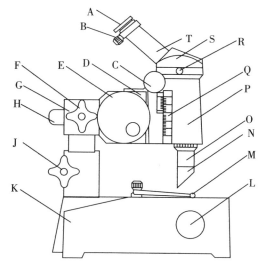

A.目镜;B.锁紧螺钉;C.调焦手轮;D.标尺;E.测微鼓轮;F.锁紧手轮;G.接头轴;H.主轴;J.锁紧手轮;K.底座;L.反光镜旋轮;M.压片;N.半反镜组;O.物镜组;P.镜筒;Q.刻尺;R.锁紧螺钉;S.棱镜室;T.目镜接筒

图4-1　读数显微镜结构图

(二)使用方法

(1)调节反光镜旋轮,使目镜内观察到的视场明亮均匀,将被测物件放在工作台面上,用压片压紧,使其处于镜筒正下方。

(2)旋转棱镜室至最舒服的位置,用锁紧螺钉R锁紧。

(3)调节目镜,看清十字叉丝。

(4)转动调焦手轮,使被测物体的像清晰可见,消除与叉丝的视差,调整被测物体使叉丝移动方向沿着待测长度。

(5)转动测微鼓轮,使十字叉丝纵丝(或者交点)对准待测长度的起点,记下此读数A;注意记录数据前后都要沿相同方向小心转动测微鼓轮直到纵丝(或交点)恰好止于待测长度的终点,记下读数B。则所测的长度$L = |A - B|$。

读数显微镜的读数由两部分组成,毫米以上的整数在标尺D上读出,毫米以下的小数在测微鼓轮上读出。叉丝沿导轨的有效活动范围是0~50 mm,这就是读数显微镜的测量范围,分度值为0.01 mm。

另外,有些实验室没有读数显微镜,可以将显微镜的目镜卸下,换上测微目镜。转动测微鼓轮使叉丝的移动方向与标准石英尺平行,然后将叉丝移至和显微镜视场中标准石英尺的某一刻度重合,记下测微目镜的读数m,如图4-2所示,转动测微鼓轮,使叉丝在标准石英尺上移动N格,这时叉丝与标准石英尺上另一刻度线重合,记下测微目镜的读数n。重复测量几次,求出$|m - n|$的平均值,结合标准石英尺的刻度计算出物镜的放大率。

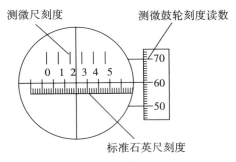

图4-2 测微目镜的使用

(三)注意事项

(1)转动调焦手轮时,应注意避免显微镜物镜(或半反镜组)与被测物体相接触。正确的做法是首先使物镜(或半反镜组)接近被测物体,然后转动调焦手轮让镜筒缓慢上移。

(2)测量过程中,测微鼓轮只能向一个方向轮动,中途不可逆转,以免引入螺距(空程)误差。

二、实验步骤

（一）温习逐差法

请大家阅读第一章中关于逐差法的介绍。

（二）数据记录

在前面的实验中，我们给出了具体的表格供大家直接填写或模仿，但在本次实验中，我们升级了挑战难度。请阅读和思考第一章中逐差法的内容，自己设计表格，记录标准石英尺上的数据和读数显微镜上的读数，并进行数据处理。

提示：在这次实验中，每次在标准石英尺上面移动 N 格，看似格数相同、移动距离相同，但实际上测得 $|m-n|$ 的值是非等精度的测量。故对各次测量的结果进行数据处理时，要计算总的测量不确定度是比较复杂的问题。为了简化，这里按等精度测量的情况估算 $|m-n|$ 的 A 类不确定度。

当你计算出结果后，让我们回到本节开头：显微镜的放大率是多少？或者先简化下，物镜的放大率是多少？请询问一同做实验的其他同学，所有人测得的放大倍数都是一样的吗？为什么呢？是因为系统误差和偶然误差吗？

提示：除了对比数据，还可以相互看下别人显微镜的视场。

【思考题】

（1）测量时，为何要让测微鼓轮向一个方向转动？如果往反方向转动了，赶紧转回去还来得及吗？

（2）你可以用移测显微镜再次测量金属丝的直径，需要注意什么呢？是否可以将金属丝直接放在工作台上用压片压紧？

第三章

基础物理实验

实验5　液体黏滞系数的测定

　　在液体中运动的物体由于液体黏性而受到一种摩擦阻力,即黏滞力,它是附着在物体表面并随物体一起运动的液层与邻层液体间的摩擦力。黏滞力与液体的黏滞程度有关,常用黏滞系数标度。黏滞系数与液体的种类、物体运动速度梯度以及温度等因素有关,在医学、工程及生产技术等领域有着重要应用。定量测定液体黏滞系数的方法有落球法、毛细管法、扭摆法和转筒法等。黏度较小的液体,常用毛细管法;而黏度较大的液体,常用落球法。本实验采用落球法测定液体的黏滞系数。

一、实验目的

　　(1)学会用落球法测定黏度较大液体的黏滞系数。
　　(2)熟悉斯托克斯定律。
　　(3)学会使用测量长度和时间的仪器。

二、预习要点

　　(1)斯托克斯定律。
　　(2)A类和B类不确定度的评定。
　　(3)不确定度的合成。

三、实验仪器

　　玻璃圆筒(高约50 cm,直径约5 cm)、秒表、游标卡尺、卷尺、螺旋测微器、分析天平(或电子天平)、温度计、钢球、镊子、蓖麻油、磁铁。

四、实验原理

　　半径为r的光滑小球,以速度v在均匀无限宽广液体中运动时,若速度不大,未在液体中产生涡流的情况下,可根据斯托克斯定律,得到小球在液体中运动所受到的黏滞阻力F。

$$F = 6\pi\eta v r \qquad (5-1)$$

式中η为液体的黏滞系数。可知,黏滞阻力F的大小与物体运动速度成正比。

当质量为m、体积为V的金属小球在密度为ρ的液体中自由下落时,它受到三个竖直方向的力:小球向下的重力mg,液体作用于小球向上的浮力$\rho g V$和液体对小球的黏滞阻力$6\pi\eta v r$。小球浸入液体下落过程中,开始做加速运动,速度逐渐增大,黏滞阻力相应变大,当速度达到一定值时,重力与黏滞阻力、小球浮力达到静态力平衡,此时,小球加速度为零,小球开始匀速下落,此时的速度称为终极速度。可知:

$$mg = \rho V g + 6\pi\eta v r$$

$$\eta = \frac{(m - \rho V)g}{6\pi r v} \qquad (5-2)$$

将$V = \dfrac{4}{3}\pi r^3$代入上式,可得:

$$\eta = \frac{m - \dfrac{4}{3}\pi r^3 \rho}{6\pi r v}g \qquad (5-3)$$

如图5-1所示,本实验是在有限容器中进行的,并不满足无限宽广的条件。

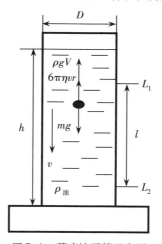

图5-1　蓖麻油圆筒示意图

因此,本实验测得的速度v_0与理想条件的速度v存在如下关系:

$$v = v_0\left(1 + 2.4\frac{r}{R}\right)\left(1 + 3.3\frac{r}{h}\right) \qquad (5-4)$$

式中R为圆筒内半径,h为筒中液体深度,将式(5-4)代入式(5-3),可得:

$$\eta = \frac{\left(m - \dfrac{4}{3}\pi r^3 \rho\right)g}{6\pi r v_0\left(1 + 2.4\dfrac{r}{R}\right)\left(1 + 3.3\dfrac{r}{h}\right)} \qquad (5-5)$$

另外,斯托克斯公式是在无涡流的理想状态下导出的,因此本实验中黏滞系数公式还须修正。已知雷诺数Re为:

$$Re = \frac{2rv_0\rho}{\eta} \tag{5-6}$$

当雷诺数不大(一般在 $Re < 10$ 时),斯托克斯公式修正为:

$$F = 6\pi r\upsilon\eta\left(1 + \frac{3}{16}Re - \frac{19}{1080}Re^2\right) \tag{5-7}$$

则考虑此项修正后的黏滞系数 η_0 为:

$$\eta_0 = \eta\left(1 + \frac{3}{16}Re - \frac{19}{1080}Re^2\right)^{-1} \tag{5-8}$$

五、实验步骤

(1)准备好实验所用仪器,阅读仪器说明书。

(2)实验开始前和结束后分别读取一次室内温度计读数,取平均值为油温。

(3)借助铅锤保证圆筒处于铅直方向。在距离圆筒油面下方7~8 cm和筒底上方7~8 cm处,分别设标记 L_1 和 L_2,选取适当的仪器测量 L_1 和 L_2 间距 l、圆筒内半径 R 和油的深度 h,并记录数据。

(4)准备三种半径不同的钢球各15颗,先用纱布将钢球表面的油吸干,再用乙醚、酒精混合液清洗并擦干。用螺旋测微器测量钢球直径,每个钢球测一次,依次记录每个钢球的直径。

(5)用镊子夹住钢球,在量筒中心轴线上方同一高度静止释放,用秒表测量钢球通过 L_1 和 L_2 间的时间 t。每种相同半径的钢球分别测量10次,并记录数据。

(6)实验完成后,用磁铁将钢球从量筒中取出,并按要求整理好实验仪器。

六、实验数据与结果

小钢球的密度:$\rho_{球} = 7.8 \times 10^3 \text{ kg/m}^3$,蓖麻油的密度:$\rho_{油} = 0.96 \times 10^3 \text{ kg/m}^3$

初始油温:$T_1 =$ _____ ℃,结束油温:$T_2 =$ _____ ℃,

平均油温:$T =$ _____ ℃,油的深度:$h =$ _____ cm。

表5-1　量筒直径和下落距离记录表

序号	量筒直径 D(cm)	下落距离 l(cm)
1		
2		
3		
4		
5		
平均值	$\bar{D}=$	$\bar{l}=$

量筒半径:$\bar{R} = \dfrac{1}{2}\bar{D} =$ _____ cm

（1）对下落距离 l：

A 类不确定度:$\Delta_{\mathrm{A}} = \sqrt{\dfrac{\sum\left(l_i - \bar{l}\right)^2}{n-1}} =$ _____ cm

B 类不确定度:$\Delta_{\mathrm{B}} = \Delta_{仪} =$ _____ cm

合成不确定度:$\Delta_l = \sqrt{\Delta_{\mathrm{A}}^2 + \Delta_{\mathrm{B}}^2} =$ _____ cm

所以下落距离:$l = \bar{l} \pm \Delta_l =$ _____ cm

表 5-2　钢球直径和下落时间记录表

序号	钢球直径 $D(\mathrm{mm})$	零点读数 （mm）	钢球半径 $r(\mathrm{mm})$	平均值 $\bar{r}(\mathrm{cm})$	下落时间 $t(\mathrm{s})$	平均值 $\bar{t}(\mathrm{s})$
1						
2						
3						
4						
5						
6						
7						
8						
9						
10						

（2）对钢球半径 r：

A 类不确定度:$\Delta_{\mathrm{A}} = \sqrt{\dfrac{\sum\left(r_i - \bar{r}\right)^2}{n-1}} =$ _____ mm

B 类不确定度:$\Delta_{\mathrm{B}} = \Delta_{仪} =$ _____ mm

合成不确定度:$\Delta_r = \sqrt{\Delta_{\mathrm{A}}^2 + \Delta_{\mathrm{B}}^2} =$ _____ mm

所以钢球半径:$r = \bar{r} \pm \Delta_r =$ _____ mm

（3）对下落时间 t：

A 类不确定度:$\Delta_{\mathrm{A}} = \sqrt{\dfrac{\sum\left(t_i - \bar{t}\right)^2}{n-1}} =$ _____ mm

B 类不确定度:$\Delta_{\mathrm{B}} = \Delta_{仪} =$ _____ mm

合成不确定度:$\Delta_t = \sqrt{\Delta_{\mathrm{A}}^2 + \Delta_{\mathrm{B}}^2} =$ _____ mm

所以下落时间:$t = \bar{t} \pm \Delta_t =$ _____ mm

（4）计算无修正的黏滞系数。

$$\eta = \dfrac{\dfrac{4}{3}\pi r^3\left(\rho_{球} - \rho_{油}\right)g}{6\pi r v_0\left(1 + 2.4\dfrac{r}{R}\right)\left(1 + 3.3\dfrac{r}{h}\right)} =$$ _____ Pa·s

由于 r 相比于 R 和 h 是小量,所以无修正的黏滞系数的不确定度为:

$$\Delta_\eta = \eta\sqrt{\left(2\frac{\Delta_r}{\bar{r}}\right)^2 + \left(\frac{\Delta_t}{\bar{t}}\right)^2 + \left(\frac{\Delta_l}{\bar{l}}\right)^2} = \underline{\hspace{3cm}}\ \text{Pa·s}$$

(5)求出雷诺数,计算修正后的黏滞系数。

雷诺数:$Re = \dfrac{2rv_0\rho}{\eta} = \underline{\hspace{3cm}}$

修正后的黏滞系数:$\eta_0 = \eta\left(1 + \dfrac{3}{16}Re - \dfrac{19}{1080}Re^2\right)^{-1} = \underline{\hspace{3cm}}\ \text{Pa·s}$

由于这里的雷诺数是个小量,所以修正后的黏滞系数的不确定度为:

$$\Delta_{\eta_0} = \Delta_\eta\left(1 + \frac{3}{16}Re - \frac{19}{1080}Re^2\right)^{-1} = \underline{\hspace{3cm}}\ \text{Pa·s}$$

$\eta_0 = \bar{\eta}_0 \pm \Delta_{\eta_0} = \underline{\hspace{3cm}}\ \text{Pa·s}$

(6)用同样的方法对另外两种大小的钢球进行数据处理,求黏滞系数。

$\eta_0' = \bar{\eta}_0' \pm \Delta_{\eta_0'} = \underline{\hspace{3cm}}\ \text{Pa·s}$ $\qquad$ $\eta_0'' = \bar{\eta}_0'' \pm \Delta_{\eta_0''} = \underline{\hspace{3cm}}\ \text{Pa·s}$

(7)计算最终结果。

三种大小钢球的黏滞系数平均值:$\bar{\eta}_0 = \dfrac{1}{3}\left(\eta_0 + \eta_0' + \eta_0''\right) = \underline{\hspace{3cm}}\ \text{Pa·s}$

不确定度:$\Delta_{\eta_0} = \dfrac{1}{3}\sqrt{\sum \Delta_{\eta_{0i}}^2} = \underline{\hspace{3cm}}\ \text{Pa·s}$

钢球的黏滞系数:$\eta_0 = \bar{\eta}_0 \pm \Delta_{\eta_0} = \underline{\hspace{3cm}}\ \text{Pa·s}$

七、注意事项

(1)用螺旋测微器测量小钢球直径时,要注意保护螺栓,防止用力过大损坏仪器。测量前应注意螺旋测微器的零点读数。

(2)玻璃管要摆放垂直,使小钢球沿圆筒轴线下落。

(3)用秒表测量钢球通过 L_1 和 L_2 间的时间 t 时,视线要与标志线保持水平,防止视差。

八、思考与讨论

(1)用落球法测量液体黏滞系数的基本原理和适用范围是什么?

(2)如果量筒不在竖直方向上或钢球偏离中心轴线下落,对实验结果有何影响?

(3)本实验的主要误差来源是什么?如何改进?

实验6　拉伸法测量金属丝杨氏模量

杨氏模量又称拉伸模量,是描述固体材料在纵向外力作用下抵抗纵向形变能力的物理量,是工程技术中常用的参数。杨氏模量一般只与材料的性质和温度有关,与其几何形状无关,杨氏模量越大,物体越不容易发生形变。本实验采用拉伸法测定金属丝的杨氏模量。

一、实验目的

(1)掌握拉伸法测量金属丝杨氏模量的方法。
(2)理解并掌握光杠杆测量微小长度变化量的原理。
(3)学会用逐差法处理实验数据。
(4)进行测量结果的不确定度分析。

二、预习要点

(1)光杠杆测量微小长度变化量的原理。
(2)杨氏模量的概念和计算。

三、实验仪器

待测金属丝、杨氏模量测定仪(包括望远镜、测量架、光杠杆、标尺、砝码)、米尺、卷尺、游标卡尺、螺旋测微器。

四、实验原理

如图6-1所示为杨氏模量测定仪,待测金属丝由夹具A和B固定,夹具B的下端挂有砝码托盘,调节仪器底部三角底座G的螺丝可使平台E水平,即金属丝与平台垂直,并且B刚好悬在平台E圆孔中间。D为光杠杆,其后足尖 f_1 立在夹具B上,两个前足尖 f_2、f_3 处于平台E卡槽内。

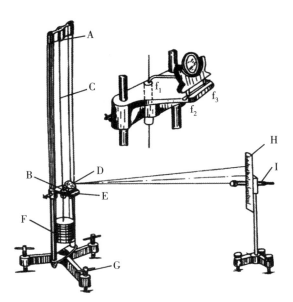

A.夹具A;B.夹具B;C.金属丝;D.光杠杆;E.平台;F.砝码;G.三角底座;H.标尺;I.望远镜;f₁.后足尖;f₂和f₃.前足尖

图6-1　杨氏模量测定仪

胡克定律指出,固体材料在弹性限度内,弹性体的应力和应变成正比。设有一根长为L横截面积为S的金属丝,在外力F的作用下伸长了ΔL,则应力$\dfrac{F}{S}$和应变$\dfrac{\Delta L}{L}$成正比:

$$\frac{F}{S} = E\frac{\Delta L}{L} \qquad (6-1)$$

比例系数E取决于材料的性质,即该金属丝的杨氏模量,单位为$N\cdot m^{-2}$,其公式可表示为:

$$E = \frac{FL}{S\Delta L} \qquad (6-2)$$

实验表明杨氏模量与外力F、材料长度L和横截面积S的大小无关,只依赖材料的特性,是材料的固有属性。设金属丝直径为d,则横截面积$S = \dfrac{1}{4}\pi d^2$,杨氏模量可改写为:

$$E = \frac{4FL}{\pi d^2 \Delta L} \qquad (6-3)$$

上式表明:在长度L、直径d和所加外力F相同的情况下,杨氏模量与金属丝伸长量成反比,杨氏模量大,金属丝的伸长量ΔL小,反之亦然。一般金属材料的杨氏模量达到$10^{11}\,N/m^2$的量级,因此当F、L和d固定的情况下,金属丝的伸长量就非常小(数量级为$10^{-2}\,mm$),通常的测量仪难以准确测量。

本实验利用一种专门设计的测量装置——光杠杆,通过其光学放大作用实现对金属丝微小伸长量ΔL的间接测量。

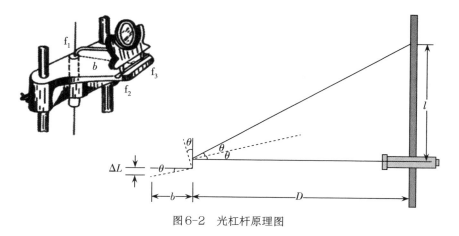

图6-2 光杠杆原理图

参照图6-2,首先安置光杠杆D,使其平面镜垂直于平台,并使光杠杆后足尖到两前足尖连线的垂直距离b,即光杠杆常数保持不变。设光杠杆平面镜到直尺的距离为D,加砝码m后金属丝伸长量为ΔL,加砝码前后望远镜中读数的差值为ΔR。由于重物拉伸金属丝,夹具B和立在其上的后足尖f_1有一段向下的位移,导致光杠杆常数相对水平方向产生一个倾斜转角θ。同时,光杠杆平面镜法线也转动了θ,则在望远镜中观察到标尺刻度之差ΔR相对应的位置,其入射光线改变了2θ的角度,根据三角函数关系有,$\tan\theta = \dfrac{\Delta L}{b}$,$\tan 2\theta = \dfrac{\Delta R}{D}$。由于$\theta$远小于5°,可以近似认为$\tan\theta = \theta$,$\tan 2\theta = 2\theta$,所以:

$$\tan\theta = \frac{\Delta L}{b} \approx \theta \qquad (6\text{-}4)$$

$$\tan 2\theta = \frac{\Delta R}{D} \approx 2\theta \qquad (6\text{-}5)$$

整理式(6-4)、(6-5)可得:

$$\Delta L = \frac{b\Delta R}{2D} \qquad (6\text{-}6)$$

光杠杆的作用是将金属丝微小的伸长量ΔL放大,转换为望远镜中直接观测的标尺位移变化量ΔR,ΔR叫作ΔL的光杠杆放大量,β叫光杠杆放大率。

$$\beta = \frac{\Delta R}{\Delta L} = \frac{2D}{b} \qquad (6\text{-}7)$$

将式(6-6)代入式(6-3)中,得出拉伸法测金属丝杨氏模量E的公式为:

$$E = \frac{8FLD}{\pi d^2 b \Delta R} \qquad (6\text{-}8)$$

五、实验步骤

1. 调节仪器：调节光杠杆和望远镜

(1)放置好光杠杆,调整光杠杆常数 b,使前足尖放在平台的卡槽中,后足尖立在夹具 B 上,调整镜面竖直。

(2)望远镜放置在光杠杆前约 1.5 米处,调整望远镜水平高度,使望远镜与光杠杆平面镜等高。

(3)观察望远镜外侧边沿上方凹口,使凹口、瞄准星、光杠杆平面镜在同一直线上;通过望远镜目镜观察,同时左、右移动望远镜或微调平面镜的倾角,找到标尺的像。

(4)旋动望远镜目镜,使十字叉丝成像清晰,再旋动聚焦手轮,直到观察到清晰的标尺像。

2. 观察金属丝伸长变化

(1)安装好金属丝后,加上砝码托盘(托盘有一定质量但不必计入 m 中),将金属丝拉直。

(2)从望远镜的目镜观察,读出十字叉丝与视野中标尺正交处的读数 r_0,此时 m 取零。

(3)逐次加一定质量的砝码(实验中砝码质量通常固定,每次增减一个),记录望远镜中对应的读数 $r_1, r_2, r_3, \cdots, r_7$,共计 7 次。

(4)加砝码后再逐一减去,记录读数为 $r'_7, r'_6, r'_5, \cdots, r'_0$。

3. 其他物理参量的测量

每一个参数测量 3~5 次并记录。

(1)分别用米尺和钢卷尺测量金属丝原长 L 和平面镜与竖尺之间的距离 D。

(2)选金属丝的不同部位,用螺旋测微器测量金属丝直径 d。

(3)取下光杠杆,在展开的白纸上同时按下三个尖脚的位置,用直尺作出光杠杆后足尖到两前足尖连线的垂线,用游标卡尺测出光杠杆常数 b。

4. 注意事项

(1)实验系统调好后,一旦开始测量 r_i,在实验过程中不可对系统的任何部分进行调整,避免各参数变化,调整后所有数据需要重新测量。

(2)加减砝码时要轻拿轻放,待系统稳定后方可读数,读数过程中不可按压桌面。

(3)光杠杆后足尖不能接触钢丝。

(4) r_0 值位置应尽可能在标尺的下端,如在标尺的上端,应调小光杠杆平面镜的倾斜度,避免增加砝码后读数超出标尺刻度。

六、实验数据与结果

1. 光杠杆放大量 ΔR 的测量和计算

表6-1　标尺读数记录表

砝码个数		0	1	2	3	4	5	6	7
标尺 读数 （mm）	加砝码	r_0	r_1	r_2	r_3	r_4	r_5	r_6	r_7
	减砝码	r_0'	r_1'	r_2'	r_3'	r_4'	r_5'	r_6'	r_7'
	平均值	$\bar{r}_0$	$\bar{r}_1$	$\bar{r}_2$	$\bar{r}_3$	$\bar{r}_4$	$\bar{r}_5$	$\bar{r}_6$	$\bar{r}_7$
	$\bar{r}_i = \dfrac{r_i + r_i'}{2}$								

用逐差法计算 ΔR 的平均值：

$\Delta R_1 = \bar{r}_4 - \bar{r}_0 =$ _____ mm　　　　$\Delta R_2 = \bar{r}_5 - \bar{r}_1 =$ _____ mm

$\Delta R_3 = \bar{r}_6 - \bar{r}_2 =$ _____ mm　　　　$\Delta R_4 = \bar{r}_7 - \bar{r}_3 =$ _____ mm

$\Delta \bar{R} = \dfrac{\Delta R_1 + \Delta R_2 + \Delta R_3 + \Delta R_4}{4} =$ _____ mm，此为每增加4个砝码后金属丝拉伸量

ΔL 的光杠杆放大量，对应的 F 为4个砝码的重力。

$\Delta_A = \sqrt{\dfrac{\sum(\Delta R_i - \Delta \bar{R})^2}{n - 1}} =$ _____ mm

$\Delta_B = \Delta_仪 =$ _____ mm

$\Delta_{\Delta R} = \sqrt{\Delta_A^2 + \Delta_B^2} =$ _____ mm

2. 长度测量

螺旋测微器（测 d）的最小分度 = _____ mm

卷尺（测 D）的最小分度 = _____ mm

米尺（测 L）的最小分度 = _____ mm

游标卡尺（测 b）的最小分度 = _____ mm

表6-2　其他数据记录表

序号	金属丝原长 $L(\text{cm})$	金属丝直径 $d(\text{mm})$	镜尺距离 $D(\text{cm})$	光杠杆常数 $b(\text{cm})$
1				
2				
3				
4				
5				
平均值	$\bar{L}=$	$\bar{d}=$	$\bar{D}=$	$\bar{b}=$
A类不确定度				
B类不确定度				
合成不确定度	$\Delta_L=$	$\Delta_d=$	$\Delta_D=$	$\Delta_b=$

3. 金属丝杨氏模量及不确定度的计算

$F = 4mg = $ ＿＿＿＿＿＿＿＿＿＿ N（砝码质量可在砝码上直接读出）

杨氏模量：$\bar{E} = \dfrac{8\bar{F}\bar{L}\bar{D}}{\pi \bar{d}^2 \bar{b} \Delta \bar{R}} = $ ＿＿＿＿＿＿＿＿ N/m²；

$\Delta_E = \bar{E} \cdot \sqrt{\left(\dfrac{\Delta_L}{L}\right)^2 + \left(\dfrac{\Delta_d}{d}\right)^2 + \left(\dfrac{\Delta_D}{D}\right)^2 + \left(\dfrac{\Delta_b}{b}\right)^2 + \left(\dfrac{\Delta_{\Delta R}}{\Delta R}\right)^2} = $ ＿＿＿＿＿＿＿＿ N/m²

最终结果：$E = \bar{E} \pm \Delta_E = $ ＿＿＿＿＿＿＿＿ N/m²。

七、注意事项

（1）光杠杆要轻拿轻放，测量时其后足尖要放在夹具B上，不能放在平台上。

（2）加砝码时，砝码的缺口应交叉放置。

（3）通过望远镜读数时，要等待标尺数值静止时才可以读数。

（4）在测量钢丝伸长变化过程中，不能触碰望远镜。如果不小心触碰望远镜使其产生移动，应重新测量。

八、思考与讨论

（1）本实验的误差来源主要是什么？

（2）如何提高光杠杆的灵敏度以及本实验测量精度？

（3）尝试设计一种不利用光杠杆测量金属丝微小形变的方法。

实验7 液体表面张力系数的测定

液体的表面犹如张紧的弹性薄膜,具有收缩的趋势,即液体表面存在着张力,称为表面张力。它是液体表面层内分子力作用的结果。表面张力系数是用于反映液体表面性质的物理量,表面张力能说明液体的许多现象,例如润湿现象、毛细管现象及泡沫的形成等。在工业生产和科学研究中常常要涉及液体特有的性质和现象,比如化工生产中液体的传输过程、药物制备过程及生物工程研究领域中关于动、植物体内液体的运动与平衡等问题。因此,了解液体表面性质和现象,掌握测定液体表面张力系数的方法是具有重要实际意义的。

一、实验目的

(1)学习液体表面张力系数测定仪的使用。
(2)用拉脱法测定室温下液体的表面张力系数。

二、预习要点

(1)硅压阻力敏传感器的工作原理。
(2)拉脱法测量液体表面张力系数的原理。

三、实验仪器

液体表面张力系数测定仪。

四、实验原理

图7-1是液体表面张力系数测定仪的结构示意图。

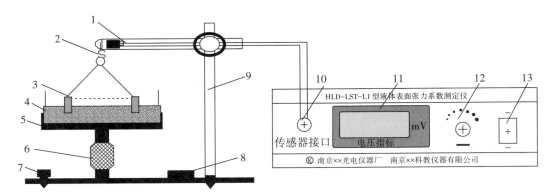

1.硅压阻力敏传感器;2.吊环钩;3.圆环形吊环;4.盛液体的玻璃器皿,用于装被测量液体;5.托盘;6.升降台大旋钮;7.水平调节的螺丝;8.水平仪;9.固定支架;10.传感器接口;11.传感器信号显示;12.调零旋钮;13.电源开关

图7-1　液体表面张力系数测定仪

液体分子之间存在相互作用力,称为分子力。液体内部每一个分子周围都被同类的其他分子包围,它所受到的周围分子的作用,合力为零。而液体的表面层(其厚度等于分子的作用半径,约 10^{-8} cm)内的分子所处的环境跟液体内部的分子相比,缺少了一半和它相互吸引的分子。由于液体上的气相层的分子数很少,表面层每一个分子受到的向上引力比向下的引力小,合力不为零,出现一个指向液体内部的吸引力,所以液面具有收缩的趋势。这种液体表面的张力作用,被称为表面张力。

表面张力 f 是存在于液体表面上任何一条分界线两侧间的液体的相互作用拉力,其方向沿液体表面,且恒与分界线垂直,大小与分界线的长度成正比,为:

$$f = \alpha L \tag{7-1}$$

式中 α 称为液体的表面张力系数,单位为 $N \cdot m^{-1}$,在数值上等于单位长度上的表面张力。实验证明,表面张力系数的大小与液体的温度、纯度、种类和它上方的气体成分有关。温度越高,液体中所含杂质越多,则表面张力系数越小。将内径为 D_1,外径为 D_2 的金属环悬挂在测力计上,然后把它浸入盛水的玻璃器皿中。当缓慢地向上提起金属环时,金属环就会拉起一个与液体相连的水柱。由于表面张力的作用,测力计的拉力逐渐达到最大值 F(超过此值,水柱即破裂),则 F 应当是金属环重力 G 与水柱拉引金属环的表面张力 f 之和,即 $F=G+f$。

由于水柱有两个液面,且两个液面的直径与金属环的内外径相同,则有:

$$f = \alpha \pi (D_1 + D_2) \tag{7-2}$$

则表面张力系数为:

$$\alpha = \frac{f}{\pi(D_1 + D_2)} \tag{7-3}$$

表面张力系数的值一般很小,测量微小力必须用特殊的仪器。本实验用FD-NST-I型液体表面张力系数测定仪进行测量。FD-NST-I型液体表面张力系数测定仪用到的测力计是硅压阻力敏传感器,该传感器灵敏度高,线性和稳定性好,以数字电压表输出显示。若硅压阻力敏传感器拉力为 F 时,数字电压表的示数为 U,则有:

$$F=U/B \qquad (7-4)$$

式中 B 表示硅压阻力敏传感器的灵敏度,单位 V/N。

吊环拉断液柱的前一瞬间,吊环受到的拉力为 $F_1=G+f$;拉断的瞬间,吊环受到的拉力为 $F_2=G$。若吊环拉断液柱的前一瞬间数字电压表的读数值为 U_1,拉断瞬间数字电压表的读数值为 U_2,则有:$F_1=G+f=U_1/B$,$F_2=G=U_2/B$。

$$f = F_1 - F_2 = \frac{U_1 - U_2}{B} \qquad (7-5)$$

故表面张力系数为:

$$\alpha = \frac{f}{\pi(D_1 + D_2)} = \frac{U_1 - U_2}{\pi(D_1 + D_2)B} \qquad (7-6)$$

五、实验步骤

(1)开机预热15分钟。

(2)清洗玻璃器皿和吊环。

(3)调节支架的底脚螺丝,使玻璃器皿保持水平。

(4)测定硅压阻力敏传感器的灵敏度(公式 $F = U/B$)。

①预热15分钟后,在硅压阻力敏传感器上挂上吊盘,并对电压表调零。

②将7个质量均为0.5 g的片码依次放入吊盘中(注:用镊子将片码放入吊盘中。吊盘晃动将带来数字电压表的数字跳动),分别记下数字电压表的读数 $U_0 \sim U_7$;再依次从吊盘中取走片码,记下读数 $U_7' \sim U_0'$。将数据填入表7-1中。

(5)测定水的表面张力系数。

①将盛水的玻璃器皿放在平台上,将洁净的吊环挂在力敏传感器的小钩上,并将数字电压表清零。

②逆时针旋转升降台大旋钮,使玻璃器皿中液面上升,当吊环下沿部分均浸入液体中时,改为顺时针转动该旋钮,这时液面往下降(或者说吊环相对往上升)。观察吊环浸入液体中及从液体中拉起时的物理现象。记录吊环拉断液柱的前一瞬间数字电压表的读数值 U_1,拉断瞬间数字电压表的读数值 U_2。重复测量5次。

六、实验数据与结果

表7-1 硅压阻力敏传感器灵敏度 B 的测定

i	片码质量 $m_i(\mathrm{g})$	增重时读数 $U_i(\mathrm{mV})$	减重时读数 $U_i'(\mathrm{mV})$
1			
2			
3			
4			
5			
6			
7			

用逐差法求 $\overline{\Delta U} = \dfrac{1}{4}\displaystyle\sum_{i=0}^{3}\left|\overline{U_{i+4}} - \overline{U_i}\right| = \underline{\hspace{3cm}}$ V，

则 $B = \dfrac{\overline{\Delta U}}{mg} = \underline{\hspace{3cm}}$ V/N。

表7-2 水的表面张力系数的测定

测量序号	$U_1(\mathrm{mV})$	$U_2(\mathrm{mV})$	$\Delta U(\mathrm{mV})$	$f\,(10^{-3}\,\mathrm{N})$	$\alpha\,(10^{-3}\,\mathrm{N/m})$
1					
2					
3					
4					
5					

吊环内径 $D_1 = \underline{\hspace{3cm}}$ cm，外径 $D_2 = \underline{\hspace{3cm}}$ cm（水温 $= \underline{\hspace{2.5cm}}$ ℃）。

经查表，在 $T = 24.30$ ℃ 时水的表面张力系数为 72.14×10^{-3} N/m。与实验结果比较，计算相对误差。分析误差原因，进行实验总结。

七、注意事项

（1）吊环应严格处理干净。可用 NaOH 溶液洗净油污或杂质后，用清洁水冲洗干净，并用热吹风烘干。片码用酒精洗干净，并用热吹风烘干。

（2）必须使吊环保持竖直和干净，以免对测量结果造成较大误差。

（3）实验之前，仪器须开机预热15分钟。

（4）在旋转升降台时,尽量不要使液体产生波动。

（5）实验室不宜风力较大,以免吊环摆动致使零点波动,所测系数不准确。

（6）若液体为纯净水,在使用过程中防止灰尘和油污以及其他杂质污染。特别注意手指不要接触被测液体。

（7）玻璃器皿放在平台上,调节平台时应小心、轻缓,防止打破玻璃器皿。

（8）调节升降台拉起水柱时动作必须轻缓,应注意液膜必须充分地被拉伸开,不能使其过早地破裂,实验过程中不要使平台摇动而导致测量失败或测量不准。

（9）使用硅压阻力敏传感器时用力不大于0.098 N。过大的拉力容易损坏传感器。严禁手上施力。

（10）实验结束后须将吊环用清洁纸擦干并包好,放入干燥缸内。

八、思考与讨论

（1）用吊环拉液体膜,即将破裂时 $F = mg + f$ 成立。若过早读数,对实验结果会有什么影响?

（2）此实验的误差是由哪些因素导致的?

实验8　空气比热容比的测定

理想气体的定压比热容 C_P 和定容比热容 C_V 之间满足关系: $C_P - C_V = R$,其中 R 为气体普适常数;二者之比 $\gamma = C_P/C_V$ 称为气体的比热容比,也称气体的绝热指数。它在热力学过程,特别是绝热过程中是很重要的参量,在热力学理论及工程技术的实际应用中起着重要的作用。例如:热机的效率及声波在气体中的传播特性都与空气的比热容比 γ 有关。

一、实验目的

(1)用绝热膨胀法测定空气的比热容比。
(2)观测热力学过程中的状态变化及基本物理规律。
(3)学习空气压力传感器及电流型集成温度传感器的原理和使用方法。

二、预习要点

(1)比热容比的概念。
(2)估算空气比热容比的大小。
(3)热力学的四个基本过程(等容、等压、等温和绝热过程)。

三、实验仪器

贮气瓶(含瓶、阀门、橡皮塞、打气球)、压力传感器及同轴电缆、电流型集成温度传感器 AD590 及同轴电缆、数字电压表(三位半、四位半各一只)、直流稳压电源(6 V)、电阻箱(取值 5 kΩ)、导线。

四、实验原理

测量空气比热容比 γ 的装置如图8-1所示。

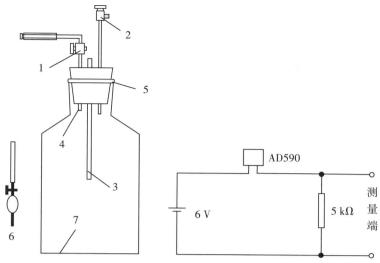

1.进气阀；2.放气阀；3.AD590温度传感器；4.气体压力传感器；5.703胶黏剂；6.充气球；7.贮气瓶

图8-1 测量空气比热容比γ的实验装置及连线示意图

设处于环境压强p_0及室温T_0下的空气状态称为状态$O(p_0,T_0)$。关闭放气阀2，打开进气阀1，用充气球6将原处于环境压强p_0、室温T_0状态下的空气经进气阀1压入贮气瓶7中。打气速度很快时，此过程可近似为一个绝热压缩过程，瓶内空气压强增大、温度升高。关闭进气阀，气体压强稳定后，达到状态 I (p_1,T_1)。随后，瓶内气体通过容器壁和外界进行热交换，温度逐步下降至室温T_0，达到状态 II (p_2,T_0)，这是一个等容放热过程。

迅速打开放气阀，使瓶内空气与外界大气相通，当压强降至p_0时立即关闭放气阀。此过程进行非常快时，可近似为一个绝热膨胀过程，瓶内空气压强减小、温度降低。当气体压强稳定后，瓶内空气达到状态 III (p_0,T_2)。随后，瓶内空气通过容器壁和外界进行热交换，温度逐步回升至室温T_0，达到状态 IV (p_3,T_0)，这是一个等容吸热过程。

整个过程可表示为：

$$O(p_0,T_0)\underline{①绝热压缩}\rightarrow \text{I}\,(p_1,T_1)$$
$$\text{I}\,(p_1,T_1)\underline{②等容放热}\rightarrow \text{II}\,(p_2,T_0)$$
$$\text{II}\,(p_2,T_0)\underline{③绝热膨胀}\rightarrow \text{III}\,(p_0,T_2)$$
$$\text{III}\,(p_0,T_2)\underline{④等容吸热}\rightarrow \text{IV}\,(p_3,T_0)$$

其中过程①、②对测量γ没有直接影响。这两个过程的目的是获取温度等于环境温度T_0的压缩空气，同时可以观察气体在绝热压缩过程及等容放热过程中的状态变化。对测量结果有直接影响的是③、④两个过程。

过程③是一个绝热膨胀过程，满足理想气体绝热方程：

$$\left(\frac{p_2}{p_0}\right)^{\gamma-1}=\left(\frac{T_2}{T_0}\right)^{-\gamma} \tag{8-1}$$

过程④是一个等容吸热过程，满足理想气体状态方程：

$$\frac{p_0}{p_3} = \frac{T_2}{T_0} \quad (8-2)$$

将式(8-2)代入式(8-1),消去 $\frac{T_2}{T_0}$ 可得:

$$\left(\frac{p_2}{p_0}\right)^{\gamma-1} = \left(\frac{p_0}{p_3}\right)^{-\gamma}$$

两边取对数,得:

$$(\gamma - 1)\lg\frac{p_2}{p_0} = -\gamma\lg\frac{p_0}{p_3}$$

整理得:

$$\gamma = \frac{\lg p_2 - \lg p_0}{\lg p_2 - \lg p_3} \quad (8-3)$$

根据式(8-3),只要测出环境压强 p_0、瓶内气体在绝热膨胀前的压强 p_2 及放气后经等容吸热回升至室温时的压强 p_3,即可计算出空气的比热容比 γ。

五、实验步骤

(1)按图8-1接好仪器的电路。开启电源,然后用调零电位器将三位半数字电压表读数调到零。注:AD590的正负极请勿接错(红导线为正极、黑导线为负极)。

(2)通过 AD590 四位半数字电压表读出此时的室温 T_0,大气压为 1 个标准大气压 p_0。

(3)关闭放气阀、打开进气阀,用充气球将原处于环境大气压强 p_0、室温 T_0 状态下的空气经进气阀压入贮气瓶中,当三位半数字电压表读数介于 120 mV~160 mV 时,关闭进气阀并停止充气;观察并记录此过程中瓶内气体压强和温度的变化。

(4)静待一段时间,待瓶内空气温度降至室温 T_0;记录仪器三位半数字电压表读数 Δp_2 并计算出瓶内气体的压强 $p_2:p_2 = p_0 + \Delta p_2/2\,000 \times 10^5$ Pa。

(5)打开放气阀,当贮气瓶内的空气压强降低至环境大气压强 p_0 时(放气声刚刚消失时),迅速关闭放气阀;观察并记录此过程中瓶内气体压强和温度的变化。

(6)静待一段时间,待瓶内空气温度升至室温 T_0;记录三位半数字电压表读数 Δp_3 并计算出瓶内气体的压强 $p_3:p_3 = p_0 + \Delta p_3/2\,000 \times 10^5$ Pa。

(7)利用式(8-3)计算空气的比热容比 γ 值。

(8)假定过程是准静态的,在坐标纸上以半定量的方式作出反映系统内空气状态由 O(p_0, T_0)→I(p_1, T_1)→II(p_2, T_0)→III(p_0, T_2) 以及系统内空气状态由 III(p_0, T_2)→IV(p_3, T_0) 过程的 $p-V$ 变化曲线(注意曲线的走向、斜率的变化)。

(9)重复步骤3、4、5、6、7三次,由三次测量的 γ_1、γ_2、γ_3 值计算平均值、标准偏差,写出测量结果表达式。

六、实验数据与结果

表 8-1　空气比热容比的测定

$p_0=$ _____ Pa。

序号	Δp_2 (mV)	p_2 (10^5 Pa)	Δp_3 (mV)	p_3 (10^5 Pa)	T_0 (mV)	γ	$\overline{\gamma}$	S_{γ}

七、注意事项

（1）由于不同压力传感器的灵敏度不完全相同，请勿相互借用不同组号的测定仪或贮气瓶。

（2）本实验所用的贮气瓶、进气阀、放气阀及其连接管均是由玻璃材料制成的，属易碎品，实验中连线、关闭/开启阀门、用充气球充气时均要小心、仔细。

（3）连接电路时要注意 AD590 温度传感器输出极性及电源输出电压的大小（实验时应先将其输出调至 6 V 再接入回路）。

（4）压力传感器及数字电压表需预热和调零，待零点稳定后方可进行实验。

（5）由于热学实验受外界环境因素，特别是温度的影响较大，测量过程中应随时留意环境温度的变化。测量时只要做到瓶内气体在放气前降低至某一温度，放气后又能回升到同一温度即可，这一温度不一定等于充气前的室温。

（6）放气时要迅速，并密切注意压力传感器输出数值的变化，一旦压力输出指示为零，立即关闭放气阀。

八、思考与讨论

（1）本实验为何采用温度传感器？用水银温度计是否可以？

（2）本实验内容的第 5 步要求放气声刚刚消失时迅速关闭放气阀，为什么？如果关闭较晚会有什么后果？

（3）温度测量值在计算公式中并没有出现，你认为设置温度测量的意义何在？

（4）做出本实验研究过程的系统变化的 $p - V$ 图。

实验9 冷却法测量金属的比热容

根据牛顿冷却定律用冷却法测定金属或液体的比热容是热学中常用的方法之一。若已知标准样品在不同温度的比热容,通过作冷却曲线可测得各种金属在不同温度时的比热容。本实验以铜样品为标准样品,测定铁、铝样品在100 ℃时的比热容。通过实验了解金属的冷却速率和它与环境之间温差的关系,以及进行测量的实验条件。热电偶数字显示测温技术是当前生产实际中常用的测试方法,它比一般的温度计测温方法有着测量范围广、计值精度高、可以自动补偿热电偶的非线性因素等优点。其次,它的电量数字化还可以对工业生产自动化中的温度直接起着监控作用。

一、实验目的

(1)测量固体的比热容。
(2)了解固体的冷却速率和它与环境之间的温差的关系,以及进行测量的实验条件。

二、预习要点

(1)物质比热容的概念。
(2)热电偶测温原理和方法。
(3)对比法测物理量的原理。

三、实验仪器

DH4603型冷却法金属比热容测量仪。

四、实验原理

如图9-1所示,DH4603型冷却法金属比热容测量仪由加热仪和测试仪组成。加热仪的加热装置可通过调节手轮自由升降。被测样品放在有较大容量的防风罩即样品室内的底座上,测温热电偶放置于被测样品内的小孔中。当加热装置向下移动到底后,对被测样品进行加热;样品需要降温时,则将加热装置上移。仪器内设有自动控制限温装置,防止因长期不切断加热电源而引起温度不断升高。

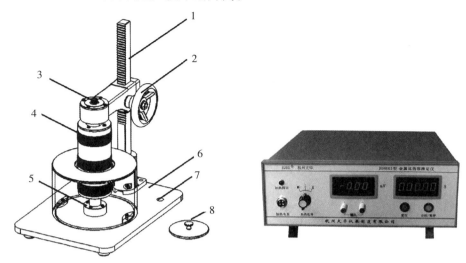

1.立柱;2.调节手轮;3.加热插座;4.防护罩;5.底座;6.底板;7.热电偶插座;8.隔热盖
图9-1　DH4603型金属比热容测量仪

测量试样温度采用常用的铜－康铜做成的热电偶(其热电势约为 0.042 mV/C),将热电偶的冷端置于冰水混合物中,带有测量扁叉的一端接到测试仪的"输入"端。测量热电势差的二次仪表由高灵敏度、高精度、低漂移的放大器和满量程为 20 mV 的三位半数字电压表组成。这样当冷端为冰点时,将数字电压表显示的 mV 数查表即可换算成对应待测温度值。

单位质量的物质,其温度升高 1 K(或 1 ℃)所需的热量称为该物质的比热容,其值随温度而变化。将质量为 M_1 的金属样品加热后,放到较低温度的介质(例如室温的空气)中,样品将会逐渐冷却。其单位时间的热量损失($\frac{\Delta Q}{\Delta t}$)与温度下降的速率成正比,于是得到下述关系式:

$$\frac{\Delta Q}{\Delta t} = c_1 M_1 \frac{\Delta \theta_1}{\Delta t} \tag{9-1}$$

式(9-1)中 c_1 为该金属样品在温度 θ_1 时的比热容,$\frac{\Delta \theta_1}{\Delta t}$ 为金属样品在 θ_1 温度的下降速率,根据冷却定律有:

$$\frac{\Delta Q}{\Delta t} = \alpha_1 S_1 (\theta_1 - \theta_0)^m \tag{9-2}$$

式(9-2)中 α_1 为热交换系数,S_1 为该样品外表面的面积,m 为常数,θ_1 为金属样品的温度,θ_0 为周围介质的温度。由式(9-1)和式(9-2),可得:

$$c_1 M_1 \frac{\Delta \theta_1}{\Delta t} = \alpha_1 S_1 (\theta_1 - \theta_0)^m \tag{9-3}$$

同理,对于质量为 M_2,比热容为 c_2 的另一种金属样品,可有同样的表达式:

$$c_2 M_2 \frac{\Delta \theta_2}{\Delta t} = \alpha_2 S_2 (\theta_2 - \theta_0)^m \qquad (9\text{-}4)$$

由式(9-3)和式(9-4),可得:

$$\frac{c_2 M_2 \dfrac{\Delta \theta_2}{\Delta t}}{c_1 M_1 \dfrac{\Delta \theta_1}{\Delta t}} = \frac{\alpha_2 S_2 (\theta_2 - \theta_0)^m}{\alpha_1 S_1 (\theta_1 - \theta_0)^m}$$

所以:

$$c_2 = c_1 \frac{M_1 \dfrac{\Delta \theta_1}{\Delta t}}{M_2 \dfrac{\Delta \theta_2}{\Delta t}} \frac{\alpha_2 S_2 (\theta_2 - \theta_0)^m}{\alpha_1 S_1 (\theta_1 - \theta_0)^m} \qquad (9\text{-}5)$$

假设两样品的形状尺寸都相同(例如细小的圆柱体),即 $S_1 = S_2$;两样品的表面状况也相同(如涂层、色泽等),而周围介质(空气)的性质当然也不变,则有 $\alpha_1 = \alpha_2$。于是当周围介质温度不变(室温 θ_0 恒定),两样品又处于相同温度 $\theta_1 = \theta_2 = \theta$ 时,上式可以简化为:

$$c_2 = c_1 \frac{M_1 \left(\dfrac{\Delta \theta}{\Delta t}\right)_1}{M_2 \left(\dfrac{\Delta \theta}{\Delta t}\right)_2} \qquad (9\text{-}6)$$

如果已知标准金属样品的比热容 c_1 和质量 M_1;待测样品的质量 M_2 及两样品在温度 θ 时冷却速率之比,就可以求出待测的金属材料的比热容 c_2。几种金属材料的比热容见表9-1:

表9-1　几种金属材料在100 ℃时的比热容 c　　　　　单位:J/(kg·K)

c_{Fe}	c_{Al}	c_{Cu}
460	963	393

五、实验步骤

开机前先连接好加热仪和测试仪,共有加热四芯线和热电偶线两组线。

(1)选取长度、直径、表面光洁度尽可能相同的三种金属样品(铜、铁、铝),用物理天平或电子天平称出它们的质量 M_0。再根据 $M_{Cu} > M_{Fe} > M_{Al}$ 这一特点,把它们区别开来。

(2)使热电偶端的铜导线与数字表的正端相连,冷端铜导线与数字表的负端相连。当样品加热到150 ℃(此时热电势显示约为6.7 mV)时,切断电源移去加热源,样品继续安放在与外界基本隔绝的有机玻璃圆筒内自然冷却(筒口须盖上盖子),记录样品在100 ℃时的冷却速率 $\left(\dfrac{\Delta \theta}{\Delta t}\right)_{\theta = 100 ℃}$。具体做法是记录数字电压表上示值约从 $E_1 = 4.36$ mV 降到 $E_2 = 4.20$ mV 所需的时间 Δt(因为数字电压表上的显示值是跳跃性的,所以 E_1、E_2 只能取附近的值），从而计算 $(\frac{\Delta E}{\Delta t})_{E=4.28\,\mathrm{mV}}$。按铁、铜、铝的次序，分别测量其温度下降速度，每一样品应重复测量6次。因为热电偶的热电动势与温度的关系在同一小温差范围内可以看成线性关系，即 $\dfrac{(\frac{\Delta\theta}{\Delta t})_1}{(\frac{\Delta\theta}{\Delta t})_2}=\dfrac{(\frac{\Delta E}{\Delta t})_1}{(\frac{\Delta E}{\Delta t})_2}$，式（9-5）可以简化为：$c_2=c_1\dfrac{M_1(\Delta t)_2}{M_2(\Delta t)_1}$。

（3）仪器的加热指示灯亮，表示正在加热；如果连接线未连好或加热温度过高（超过200 ℃）导致自动保护时，指示灯不亮。升到指定温度后，应切断加热电源。

（4）注意：测量降温时间时，按"计时"或"暂停"按钮应迅速、准确，以减小人为计时误差。

（5）加热装置向下移动时，动作要慢，应注意要使被测样品垂直放置，以使加热装置能完全套入被测样品。

六、实验数据与结果

样品质量：$M_{\mathrm{Cu}}=$ _____ g；$M_{\mathrm{Fe}}=$ _____ g；$M_{\mathrm{Al}}=$ _____ g。

热电偶冷端温度：_____ ℃

样品由4.36 mV下降到4.20 mV所需时间（单位为s）。

表9-2　金属比热容的测定

样品	序号						平均值 Δt
	1	2	3	4	5	6	
Fe							
Cu							
Al							

以铜为标准：$c_1=c_{\mathrm{Cu}}=0.393$ J/(kg·K)

铁：$c_2=c_1\dfrac{M_1(\Delta t)_2}{M_2(\Delta t)_1}=$ _____ J/(kg·K)

铝：$c_3=c_1\dfrac{M_1(\Delta t)_3}{M_3(\Delta t)_1}=$ _____ J/(kg·K)

七、注意事项

（1）样品自然冷却时，应悬置于无风、无热源、气温稳定的环境中，开始记录数据时动作要敏捷，记录热电偶电势 E_2 和时间 t 要准确。

（2）小心加热盘温度过高烫手。

八、思考与讨论

（1）为什么实验应该在防风筒（样品室）中进行？

（2）测量三种金属的冷却速率，并在图纸上绘出冷却曲线。如何求出它们在同一温度点的冷却速率？

实验10 制流电路与分压电路

电路一般分为电源、控制和测量三个部分。首先根据测量要求确定测量电路,再由测量电路的电流和电压变化范围,选择合适的电源。控制电路的功能是实现对测量部分的电压和电流的控制,使其数值和范围满足预定的要求。常用的控制电路有制流电路和分压电路,控制元件主要为滑动变阻器或者电阻箱。

一、实验目的

(1)掌握制流和分压电路的连接方法、性能和特点。
(2)学习检查电路故障的一般方法。
(3)进一步熟悉电学实验的操作规程和安全知识。

二、预习要点

(1)制流电路和分压电路的原理及特性曲线。
(2)电阻箱不同阻值下的额定电流与功率的关系。

三、实验仪器

直流电源、电压表、电流表、万用电表、滑动变阻器、电阻箱、开关、导线。

四、实验原理

1. 制流电路

如图10-1所示,制流电路包括直流电源E、滑动变阻器R_0、电流表A、负载R和电源开关K。通过移动滑动变阻器滑片C的位置可以连续改变R_{AC}的阻值,从而改变电路中的电流I。

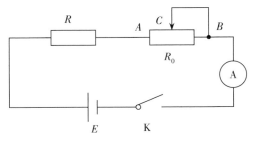

图 10-1　制流电路电路图

在忽略电源内阻的情况下,依据欧姆定律可得:

$$I = \frac{E}{R + R_{AC}} \tag{10-1}$$

当滑片 C 在 A 端时, $R_{AC} = 0$,此时负载 R 两端的电压和回路的电流有最大值。

$$U_{\max} = \frac{E}{R}R = E$$

$$I_{\max} = \frac{E}{R}$$

当滑片 C 在 B 端时, $R_{AC} = R_0$,此时负载 R 两端的电压有最小值。

$$U_{\min} = \frac{E}{R + R_0}R$$

故制流电路的电流调节范围为 $(\frac{E}{R_0 + R}, \frac{E}{R})$,相应的电压调节范围为 $(\frac{E}{R + R_0}R, E)$ 。

一般情况下 R 中的电流为:

$$I = \frac{E}{R + R_{AC}} = \frac{\dfrac{E}{R_0}}{\dfrac{R}{R_0} + \dfrac{R_{AC}}{R_0}} = I_{\max}\frac{K}{K + X} \tag{10-2}$$

其中 $K = \dfrac{R}{R_0}$, $X = \dfrac{R_{AC}}{R_0}$,在不同电路中, K 值是不同的, X 的变化范围为 $(0,1)$ 。图 10-2

表示不同 K 值得到的制流特性曲线,从曲线可以清楚地看到制流电路有如下特点:

（1） K 值越大,电流的调节范围就越小;

（2） $K > 1$,即 $R > R_0$ 时,电流调节的线性较好;

（3） $K \ll 1$,即 $R < R_0$ 时, X 接近 0 时电流变化很大,但是细调能力较差;

（4）不论 R_0 大小如何,负载 R 上的电流都不可能为 0。

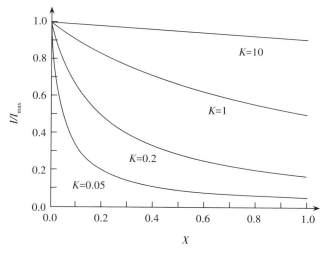

图 10-2 制流电路特性曲线

2. 分压电路

如图 10-3 所示为分压电路,在忽略电源内阻的情况下,当滑动变阻器的滑片由 A 端滑至 B 端,负载 R 上的电压由 0 变至 E,并且电压调节的范围与滑动变阻器的阻值无关。

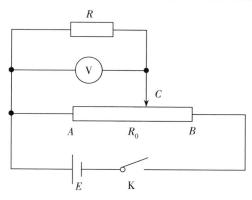

图 10-3 分压电路电路图

当滑片 C 在某一位置时,AC 两端的电压 U 为:

$$U = \frac{E}{\frac{RR_{AC}}{R + R_{AC}} + R_{BC}} \frac{RR_{AC}}{R + R_{AC}} = \frac{KR_{AC}E}{R + R_{BC}X} \qquad (10\text{-}3)$$

式中 $R_0 = R_{AC} + R_{BC}$,$K = \dfrac{R}{R_0}$,$X = \dfrac{R_{AC}}{R_0}$,由此可得不同 K 值的分压特性曲线如图 10-4 所示。从曲线可知分压电路具有如下特征:

(1)负载 R 的电压调节范围为 $(0, E)$,与 R_0 的大小无关;

(2)K 越小电压调节越不均匀;

(3)K 越大电压调节越均匀,在实际电路中,$K = 2$,即可认为电压调节达到一般均匀的要求了。

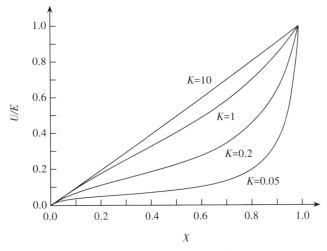

图10-4　分压电路特性曲线

五、实验步骤

1. 制流电路特性的研究

(1)根据电阻箱所允许通过的最大电流,确定电源电压、电压表和电流表的量程。

(2)按照图10-1连接电路。

(3)设定 $K = 0.05$ 时的 R 阻值的大小,依次移动滑动变阻器滑片,根据滑片所在位置对应的刻度 l 与滑动变阻器总刻度 l_0 的比值确定 $X = R_{AC}/R_0$ 的值,读出此时所对应的电流值,将其记录到表10-1中,并以 X 为横坐标,电流占比 I/I_{max} 为纵坐标作图。

(4)分别取 $K= 0.2$ 和1,重复上述步骤,测量滑片在不同位置时的 X 和 I,记录在自拟表格中,绘出 $I/I_{max} - X$ 关系图像。

2. 分压电路特性的研究

(1)按照电阻箱所允许的最大电流,确定电源电压、电压表和电流表的量程。

(2)按照图10-3连接电路。

(3)设定 $K = 0.05$ 时的 R 阻值的大小,依次移动滑动变阻器滑片,根据滑片所在位置对应的刻度 l 与滑动变阻器总刻度 l_0 的比值确定 $X = R_{AC}/R_0$ 的值,读出此时所对应的电压值,将其记录到表10-2中,并以 X 为横坐标,电压占比 U/E 为纵坐标作图。

(4)分别取 $K= 0.2$ 和1,重复上述步骤,测量滑片在不同位置时的 X 和 U,记录在自拟表格中,绘出 $U/E - X$ 关系图像。

六、实验数据与结果

1. 制流电路特性研究

$K = 0.05, E = $ _____ V, $R = $ _____ Ω, $I_{max} = $ _____ A,

滑动变阻器：$R_0 = $ _____ Ω, 总刻度 $l_0 = $ _____ mm。

表10-1 制流电路特性数据记录表

序号		1	2	3	4	5	6	7	8	9	10
项目	$l(\text{mm})$										
	$X = l/l_0$										
	$I(\text{A})$										
	I/I_{max}										

以 X 为横坐标，以电流比值 I/I_{max} 为纵坐标作图，对制流电路的特性进行研究。

2. 分压电路特性研究

$K = 0.05, E = $ _____ V, $R = $ _____ Ω,

滑动变阻器：$R_0 = $ _____ Ω, 总刻度 $l_0 = $ _____ mm。

表10-2 分压电路特性数据记录表

序号		1	2	3	4	5	6	7	8	9	10
项目	$L(\text{mm})$										
	$X = l/l_0$										
	$U(\text{V})$										
	U/E										

以 X 为横坐标，测量电压与电源电压的比值 U/E 为纵坐标作图，对分压电路的特性进行研究。

七、注意事项

（1）要注意估算电路中电流表上的电流和电压表上的电压，选择合适的量程，以免电流或电压过大损坏仪器。

（2）滑动变阻器在电路中可控制电流大小，或调节电压高低，实验时应根据它在电路中的作用以及外接负载情况选择适当阻值和额定电流的变阻器。

八、思考与讨论

（1）在电学实验中，应该怎样布置仪器和连接电路？应注意哪些问题？养成哪些良好习惯？

（2）制流与分压电路各有什么特点？

（3）在制流与分压电路中，合上电键之前，为保证电路安全，滑动变阻器的滑片应该放置在什么位置？

实验11　伏安法测电阻

一个物体的电阻描述了该物体阻碍电流通过的能力,由导体两端的电压 U 与通过导体的电流 I 的比值来定义,即 $R=U/I$。R 为常数的元件称为线性电阻元件,R 不为常数的元件称为非线性电阻元件。为了探究不同元件 U 与 I 的函数关系,需要在电路中改变元件两端的电压 U,并测量出一系列相对应的 (U_i, I_i),然后拟合出一个电流与电压的函数 $I(U)$,此方法称为伏安法。

一、实验目的

（1）了解分压电路和限流电路的区别,了解内接法和外接法的区别。
（2）能连接电路并测量线性电阻、二极管的电压和电流。
（3）能使用描点法及线性拟合法处理实验数据。

二、预习要点

（1）分压电路和限流电路的结构。
（2）外接法和内接法测电阻的原理及其优缺点。
（3）纯电阻与线性电阻的区别。

三、实验仪器

直流稳压电源、电压表、毫安表、微安表、滑线变阻器（1 kΩ、10 kΩ各1个）、待测电阻、二极管（1N4007）、导线。

四、实验原理

1. 电学元件的伏安特性

在某一电学元件两端加上直流电压,在元件内就会有电流通过,通过元件的电流与端电压之间的关系称为电学元件的伏安特性。一般以电压为横坐标,电流为纵坐标作出元件的电流—电压关系曲线,称为该元件的伏安特性曲线。

若能拟合出直线方程 $I = GU$,则说明该电学元件能够服从欧姆定律,电阻 $R=1/G$。这类元件属于线性电阻元件,包括金属膜电阻、碳膜电阻、线绕电阻等。

但是很多元件并不能严格服从欧姆定律,有些元件的电流大小会受到温度的影响,如小电珠、热敏电阻等;有些元件的电流大小会受到光照强度的影响,如光敏电阻;有的元件的电流是两端电压的指数函数,如正向的二极管,能拟合出曲线方程 $I = I_0 e^{bU}$。这些元件都属于非线性电阻元件。

2. 实验原理图

(1)限流电路与分压电路的选择。

如果实验提供的电源电压 E 大小不能改变,则需要使用滑线变阻器来控制给元件提供的电压。连接方法有两种,图11-1所示为限流电路,图11-2所示为分压电路,图中均使用了两个滑线变阻器,可用来充当粗调和细调的旋钮。

图11-1的限流电路中,R_{x1} 与另外两段电阻串联在一起。调节 R_1、R_2 时,流过 R_{x1} 的电流最大值为 E/R_{x1},最小值为 $E/(R_1+R_2+R_{x1})$。很显然,R_{x1} 越小,电流的最大值越大。这意味着测量出的数据可以有更大的电流变化范围,所以限流电路适合用来测量较小的线性电阻。但对于较大的线性电阻,电流变化范围小意味着电压的变化范围也很小,出现的结果很可能是:无论怎样调节 R_1、R_2,电压表和电流表的读数都几乎不变。

图11-2的分压电路中,R_{x2} 与一部分电阻并联在一起。调节 R_1、R_2 时,电压的最大值为 E,最小值为 0。这个电压范围与 R_{x2} 的大小无关,解决了限流电路无法处理的大电阻问题。但如果电流很小,则需要将毫安表换成微安表。

对于二极管,正向时需要较大的电流变化范围,不需要太大的电压变化范围,必须选择限流电路,反向时需要较大的电压变化范围,必须选择分压电路。

另外,如果实验室提供的电源电压 E 的大小可以调节,则也可以不用分压电路。

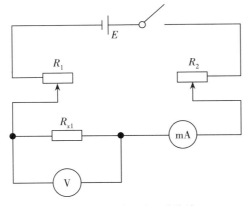

图11-1　限流电路及外接法

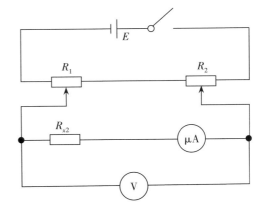

图11-2　分压电路及内接法

(2)外接法与内接法的选择。

电表的接法需要考虑到电表的内阻,图11-1所示为外接法,避免了电流表的分压,适合电阻较小时的情况,但测出来的电流偏大,电阻偏小。图11-2所示为内接法,避免了电压表的分流,适合电阻较大时的情况,但测出来的电压偏大,电阻偏大。那么,哪种接法测量出来的电阻值更接近真实数值呢?

我们需要算出两种方法的相对误差,并在比较以后找到一个判据。设待测电阻实际大小为 R_x,电压表内阻估值为 R_V,电流表内阻估值为 R_A。对于外接法,测量出的结果为:

$$R_{测1} = \frac{R_V R_x}{R_V + R_x} \tag{11-1}$$

相对误差为:

$$E_1 = \frac{\left| R_{测1} - R_x \right|}{R_x} = \frac{R_x}{R_V + R_x} \tag{11-2}$$

当 $R_V \gg R_x$ 时,$E_1 = \dfrac{R_x}{R_V}$

对于内接法,测量出的结果为:

$$R_{测2} = R_x + R_A \tag{11-3}$$

相对误差为:

$$E_2 = \frac{\left| R_{测2} - R_x \right|}{R_x} = \frac{R_A}{R_x} \tag{11-4}$$

若 $E_1 > E_2$,根据式(11-2)和式(11-4)可解出:

$$R_x > \sqrt{R_A R_V} \tag{11-5}$$

式(11-5)就是我们的判别式,若成立,则内接法误差更小,若不成立,则外接法误差更小。需要注意的是,此讨论中的 R_V、R_A 均为估值,若 R_V、R_A 为已知的准确数值,则不需要讨论此误差,可以直接算出 R_x。

对于二极管,正向时适合用外接法,反向时适合用内接法。

五、实验步骤

1. 测量线性元件的伏安特性曲线及电阻。

(1)限流电路及外接法。

选择合适的元件按图11-1所示连接电路,R_{x1} 为待测的线性电阻,调节 R_1、R_2 并观察电压、电流变化的现象,确定数据的记录范围并将数据记录在表11-1中。

(2)分压电路及内接法。

选择合适的元件按图11-2所示连接电路,R_{x2} 为待测的线性电阻,调节 R_1、R_2 并观察电压、电流变化的现象,确定数据的记录范围并将数据记录在表11-2中。

2. 测量非线性元件的伏安特性曲线

(1)测量二极管的正向特性。

选择合适的元件按图11-1所示连接电路,R_{x1}为二极管,保证电流方向与二极管图示的箭头方向一致。调节R_1、R_2并观察电压、电流变化的现象,确定数据的记录范围并将数据记录在表11-3中。

(2)测量二极管的反向特性。

选择合适的元件按图11-2所示连接电路,R_{x2}为二极管,保证电流方向与二极管图示的箭头方向相反。调节R_1、R_2并观察电压、电流变化的现象,确定数据的记录范围并将数据记录在表11-4中。

六、实验数据与结果

1. 测量线性元件的伏安特性曲线

表11-1　线性电阻的电压电流数据(外接法)

U(V)									
I(mA)									

用Excel可以拟合出:

I = ＿＿＿＿＿＿＿,相关系数r = ＿＿＿＿＿＿。可估算出电阻大小为:＿＿＿＿＿＿。

表11-2　线性电阻的电压电流数据(内接法)

U(V)									
I(mA)									
R(Ω)									

用Excel可以拟合出:

I = ＿＿＿＿＿＿＿,相关系数r = ＿＿＿＿＿＿。可估算出电阻大小为:＿＿＿＿＿＿。

2. 测量非线性元件的伏安特性曲线

(1)测量二极管的正向特性。

表11-3　二极管正向的电压电流数据

U(V)									
I(mA)									

用 Excel 可以拟合出：

$I =$ _____ ，相关系数 $r =$ _____ 。说明电流与电压的关系为：_____ 。

(2)测量二极管的反向特性。

表 11-4　二极管反向的电压电流数据

$U(\text{V})$									
$I(\mu\text{A})$									

(3)数据处理。

将表 11-1、表 11-2、表 11-3 输入 Excel，以电压为横坐标，电流为纵坐标描出散点图，拟合出散点图的趋势线方程及相关系数并记录。

七、注意事项

(1)电流表一定要串联在电路上，闭合电源前滑动变阻器要调至最大值，进行实验前要请老师检查电路。

(2)测二极管正向伏安特性时，毫安表读数要低于二极管最大允许电流。

(3)测二极管反向伏安特性时，加在二极管上的反向电压不能超过反向击穿电压。

八、思考与讨论

(1)测量线性元件时，限流电路、分压电路的电压、电流变化范围是多少？测量二极管时，正向、反向的电压、电流变化范围是多少？

(2)内接法和外接法的系统误差各有多大？若对此误差不予修正，应使用哪种接法？

实验12　惠斯通电桥测电阻

惠斯通电桥是一种测量工具,于1833年由克里斯蒂发明,1843年由惠斯通改进及推广。它可以消除伏安法测量电阻时,电表内阻带来的误差,更精确地测量未知电阻器的电阻。另外,很多传感器在设计的时候会通过某些物理量(如力、温度、压力等)来改变电阻的大小,然后利用惠斯通电桥测量出电阻,并间接地测量出这些物理量。

一、实验目的

(1)惠斯通电桥测电阻的原理。
(2)学会正确使用惠斯通电桥测电阻的方法。
(3)了解电桥灵敏度的概念及灵敏度的测量方法。

二、预习要点

(1)惠斯通电桥测电阻的原理。
(2)电流计灵敏度的定义

三、实验仪器

箱式电桥或滑线式电桥、直流电源、滑线变阻器、电阻箱、检流计、待测电阻、万用电表、开关和导线。

四、实验原理

1. 惠斯通电桥简介

惠斯通电桥如图12-1所示,除电源、开关及限流电阻以外有5条支路,R_1、R_2、R_x、R_0所在的支路称为臂,我们将R_1、R_2称为比例臂,R_0称为比较臂,R_x称为待测臂。检流计G所在的支路称为桥。滑线式电桥如图12-2所示,用了一根可以精确测量长度的电阻丝来代替两个电阻,在滑线式电桥里面,比较臂和一个比例臂交换了位置,但不会影响电阻的测量。

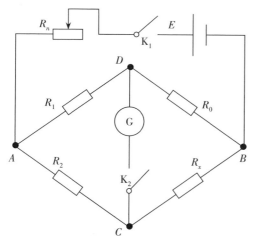

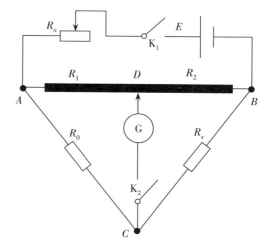

图12-1 箱式电桥示意图　　　　图12-2 滑线式电桥示意图

由图12-1可知,当开关K_1闭合,开关K_2打开时,ADB与ACB并联,这两条支路可以有不同大小的电流I_{10}、I_{2x}。若C、D两点的电位不同,闭合开关K_2以后,能用检流计检测到电流,这种状态称为电桥不平衡。若C、D两点的电位相同,闭合开关K_2以后,检流计将检测不到电流,这种状态称为电桥平衡。电桥平衡状态下,我们可以写出方程:

$$I_{10}R_1 = I_{2x}R_2 \qquad (12-1)$$

$$I_{10}R_0 = I_{2x}R_x \qquad (12-2)$$

式(12-1)和式(12-2)相除可以消去电流,R_x为未知电阻,整理后可以得到:

$$R_x = \frac{R_2}{R_1}R_0 = KR_0 \qquad (12-3)$$

式(12-3)中K为比例系数,R_1、R_2、R_0都是可以精确调节的,当电桥平衡时,我们能够精确地算出R_x的阻值。由于R_2、R_0均位于分子上,所以对于交换了R_2、R_0位置的滑线式电桥也可以得到式(12-3)。

2. 电桥灵敏度

电桥是否平衡需要检流计的指示。如果电桥灵敏度太低,R_0在一段范围内变化时将无法观察到检流计指针的偏转,这将会影响R_x的精度。如果电桥灵敏度太高,精度虽然提高了,但调节平衡所需要的时间也会增加,因此并不是灵敏度越高越好。电桥的灵敏度会受到电源电压、检流计量程、检流计内阻、桥臂电阻及其比值的影响。当R_0变化了ΔR_0时,若电流计指针偏转了Δn格,则灵敏度S可以表示为:

$$S = \frac{\Delta n}{\Delta R_0 / R_0} \qquad (12-4)$$

惠斯通电桥不仅可以用来测量电阻,当我们将R_x换成热敏电阻、压力传感器以后,就成为一个测量装置。此时灵敏度的概念更加重要,灵敏度太低将测量不到R_x的变化。对于给定的R_x,当R_x变化了ΔR_x时,若电流计指针偏转了Δn格,则灵敏度S可以表示为:

$$S = \frac{\Delta n}{\Delta R_x / R_x} \tag{12-5}$$

可以证明,式(12-4)和式(12-5)是等价的。

3. 交换测量法

对于滑线式电桥,电阻丝有可能并非均匀分布,为了消除这种误差,需要引入交换测量法。设电阻丝总长度为l,R_1的长度为l_1,则R_2的长度为$l-l_1$,若调节R_0至R_{01}时电桥平衡,根据式(12-3)可得:

$$R_{x1} = \frac{l - l_1}{l_1} R_{01} \tag{12-6}$$

接下来交换R_x和R_0的位置,若调节R_0至R_{02}时电桥平衡,根据式(12-3)可得:

$$R_{x2} = \frac{l_1}{l - l_1} R_{02} \tag{12-7}$$

式(12-6)和式(12-7)相乘后可消去长度,得到最后的结果:

$$R_x = \sqrt{R_{x1} R_{x2}} = \sqrt{R_{01} R_{02}} \tag{12-8}$$

这种方法箱式电桥也是可以使用的。

4. 检流计

检流计属于精密器件,需水平放置。一般会有"短路"和"电计"按钮。"短路"可以让指针立刻停止摆动,"电计"按钮按下后能判断是否有电流。需要重点注意的是:调节电桥平衡的过程中,"电计"按钮一般需要短时间与外电路接通,按下后须立即松开,能在一瞬间看清指针的偏转方向即可,以避免指针摆动幅度太大损坏检流计。

五、实验步骤

1. 用电桥测电阻

(1)按图12-1或图12-2组装电路。

(2)记录R_1、R_2。然后调节R_0使电桥平衡,此时R_0的读数记为R_{01}。

(3)交换R_0和R_x的位置,调节R_0使电桥平衡,此时R_0的读数记为R_{02}。

(4)改变R_1、R_2的大小,重复步骤(1)~(3)

(5)将数据填入表12-1,并计算R_x的大小。

2. 测量并计算电桥的灵敏度

(1)根据上述结果,记录R_0的读数。

(2)小范围改变R_0的大小,使检流计能偏转1~3格,记录ΔR_0和Δn。

六、实验数据与结果

1. 用电桥测电阻

表 12-1　用电桥测电阻

$R_1(\Omega)$			
$R_2(\Omega)$			
$R_{01}(\Omega)$			
$R_{02}(\Omega)$			
$R_x(\Omega)$			

待测电阻的值为：＿＿＿＿＿＿＿＿。

2. 测量并计算电桥的灵敏度

表 12-2　测量并计算电桥的灵敏度

	1	2	3
$R_0(\Omega)$			
变化量 $\Delta R_0(\Omega)$			
偏转格数 Δn			

该电桥的灵敏度为：＿＿＿＿＿＿＿＿。

七、注意事项

（1）对于滑线式电阻丝，在移动滑片时不能用力按压滑片，以免电阻丝越刮越细。
（2）测量结束后，检流计应短接。

八、思考与讨论

（1）R_1/R_2 的大小对 R_x 的测量有没有影响？
（2）R_1/R_2 的大小对灵敏度有没有影响？
（3）设计实验探究电桥灵敏度与电源电压、检流计量程、桥臂电阻大小的关系。

实验13　静电场的描绘

静电场存在于电极周围的空间中,可以用电场线和电位线来描述。在研制电子管、示波器等器件内部电极的形状时,需要考虑电极周围静电场的分布。这种空间分布往往很难用数学方法求解,需要借助实验设备来测定。

直接测量静电场分布的困难主要有两个方面:一方面是因为静电场不会产生电流,无法使用磁电式电表测量;另一方面是因为伸入静电场内部的探针会产生感应电荷,从而改变静电场的分布,导致测量结果与真实结果不符。所以,一般需要制造一个空间分布相类似的"稳恒电场"来模拟静电场,这种实验方法称为模拟法。

一、实验目的

(1)学会描绘电位线和电场线的方法,获得不同电极的等电位线和电场线分布。
(2)理解模拟法的原理,理解静电场与"稳恒电场"的异同。

二、预习要点

(1)平行板电极、平行导线电极和同轴柱面电极形成的电场分布。
(2)高斯定理。

三、实验仪器

YJ-MJ模拟静电场描绘仪(含直流电源、数字电压表、有机玻璃平台、带电缆线及支座的激光探针、2根导线、平行板电极、同轴柱面电极、平行导线电极等)。

四、实验原理

图13-1展示了不同的电极。板的正面可以用螺丝固定不同形状的白色金属片,可以制作不同形状的电极。板的背面有导线将螺丝连到了下方的插孔,直流电源可以通过导线与插孔连接并给电极通电。部分初学者可能不太理解为什么图13-1的电极会有这样的

名称。事实上实际的电极是立体的,我们看到的只是一个截面。立体视角的电极可参考图13-2:

(a) 平行板电极　　　　　(b) 平行导线电极　　　　　(c)同轴柱面电极

图13-1　电极

(a) 平行板电极　　　　(b) 平行导线电极　　　　(c)同轴柱面电极

图13-2　电极的立体视角

当插孔插上导线并接入直流电源后,两个电极上的电荷会重新分布,电极表面会分别带上等量的异种电荷。若黑色部分为电介质,则电极周围的空间会出现静电场。考虑到电极的对称性,我们可以选取一个垂直于电极的截面,然后找到该截面的等电位线的分布情况。图13-3、图13-4、图13-5分别展示了平行板电极、平行导线电极和同轴柱面电极在截面上的等电位线分布图以及以电位为Z轴时的立体图。

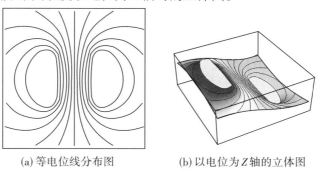

(a) 等电位线分布图　　　　　(b) 以电位为Z轴的立体图

图13-3　平行板电极的等电位线

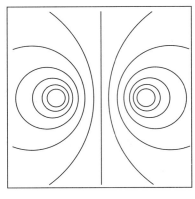 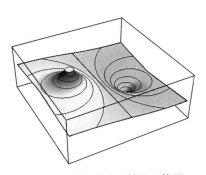

(a) 等电位线分布图   (b) 以电位为 Z 轴的立体图

图 13-4   平行导线电极的等电位线

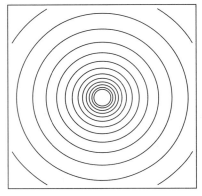 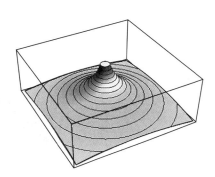

(a) 等电位线分布图   (b) 以电位为 Z 轴的立体图

图 13-5   同轴柱面电极的等电位线

电位线的密度能反映电场强度的大小。但是静电场的电位线很难直接描绘,所以需要找到一种场来模拟静电场,这种场需要满足以下三个条件:

(1)该场在数学上和静电场有相似的方程。

(2)探针伸入该场后,能够获得电流。

(3)探针在该场中移动时,不会对测量结果产生太大的影响。

本次实验的解决方案是:在图 13-1 中的黑色部分刷一层电阻远大于电极金属的导电微晶。电极间会出现稳恒电场以及微弱的稳定电流。那么,这种方案能不能满足上面三个条件呢?

对于电场强度为 E_1 的静电场,取一个封闭曲面 S,若 S 不包含电荷,根据高斯定理可写出:

$$\oint_S \varepsilon E_1 \cdot \mathrm{d}S = 0 \qquad (13-1)$$

式(13-1)中的 ε 为电介质的电容率。图 13-6 中的 (a) 展示了同轴柱面电极的静电场的电场线,式(13-1)在图中可以理解为进入 S 的电场线和从 S 出去的电场线的根数相同。

对于电场强度为 E_2 的稳恒电场,一定会有一个稳恒电流。取一个封闭曲面 S,根据电流连续性方程可写出：

$$\int_s \sigma \vec{E_2} \cdot \mathrm{d}\vec{S} = \int_s \vec{j} \cdot \mathrm{d}\vec{S} = 0 \tag{13-2}$$

式(13-2)中的 σ 为导体的电导率，$\vec{j}$ 为电流密度。图13-6中的(b)展示了同轴柱面电极的稳恒电场及其电流密度线，式(13-2)在图中可以理解为进入 S 的电流密度线和从 S 出去的电流密度线的根数相同。

式(13-1)与式(13-2)有相同的形式，但不够具体。我们还可以更详细地计算同轴柱面电极在两种情况下的电势并进行比较。

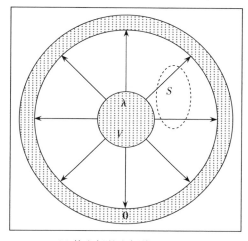 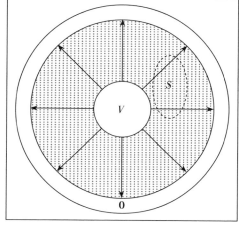

(a) 静电场的电场线　　　　　　　　　　　　(b) 稳恒电场的电流密度

图13-6　同轴柱面电极的积分

同轴柱面电极两极间若为静电场，可设内部圆柱和外部圆环柱的电荷密度分别为 $\pm\lambda$，利用高斯定理可知位于两者之间，与轴距离为 r 处的电场强度 E 的大小为：

$$E = \frac{\lambda}{2\pi r \varepsilon} \tag{13-3}$$

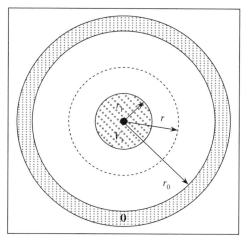 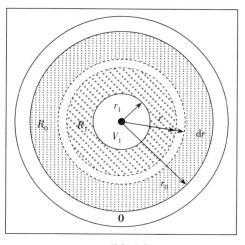

(a) 静电场　　　　　　　　　　　　(b) 稳恒电场

图13-7　同轴柱面电极的电势计算用图

如图13-7(a)所示，外部圆环柱内半径为r_0，内部圆柱半径为r_1，取外部圆环柱电势为0，则可以利用积分计算内部圆柱电势V_1、与轴距离为r处的电势V_r的大小：

$$V_1 = \int_{r_1}^{r_0} \frac{\lambda}{2\pi r \varepsilon}\,dr = \frac{\lambda}{2\pi \varepsilon}\ln\left(\frac{r_0}{r_1}\right) \tag{13-4}$$

$$V_r = \int_{r}^{r_0} \frac{\lambda}{2\pi r \varepsilon}\,dr = \frac{\lambda}{2\pi \varepsilon}\ln\left(\frac{r_0}{r}\right) \tag{13-5}$$

式(13-5)与式(13-4)相除，可得：

$$\frac{V_r}{V_1} = \frac{\ln\left(\dfrac{r_0}{r}\right)}{\ln\left(\dfrac{r_0}{r_1}\right)} \tag{13-6}$$

同轴柱面电极两极间若为稳恒电场，则需要先计算电阻，然后利用欧姆定律来计算电势的比值。设导电微晶均匀分布，厚度为b，电阻率为ρ。如图13-7(b)所示，内径为r，外径为$r+dr$的圆环柱电阻为：

$$dR = \rho\frac{dr}{2\pi rb} \tag{13-7}$$

该圆环柱将电阻分成了内部电阻R_1和外部电阻R_0两部分，两者是串联关系，电流相同，可设为I。取外部圆环柱电位为0，则可利用欧姆定律计算出内部圆柱电位V_1、与轴距离为r处的电位V_r的大小：

$$V_1 = I\left(R_1 + R_0\right) = I\int_{r_1}^{r_0}\rho\frac{dr}{2\pi rb}\,dr = \frac{I\rho}{2\pi b}\ln\left(\frac{r_0}{r_1}\right) \tag{13-8}$$

$$V_r = IR_1 = I\int_{r}^{r_0}\rho\frac{dr}{2\pi rb}\,dr = \frac{I\rho}{2\pi b}\ln\left(\frac{r_0}{r}\right) \tag{13-9}$$

式(13-9)与式(13-8)相除，可得：

$$\frac{V_r}{V_1} = \frac{\ln\left(\dfrac{r_0}{r}\right)}{\ln\left(\dfrac{r_0}{r_1}\right)} \tag{13-10}$$

式(13-10)与式(13-6)在形式上完全一致，说明电势的分布是相同的。所以，在数学上可以用稳恒电场来模拟静电场。

实验装置的线路原理如图13-8所示。稳压电源连接两个电极后，导电微晶上会有微弱的稳恒电流。电压表与电源共地，另一端接探针。探针在导电微晶上滑动的过程类似于滑动变阻器的调节，可以引出电流并测量导电微晶范围内所有点的电位。电压表的电阻远大于导电微晶时，

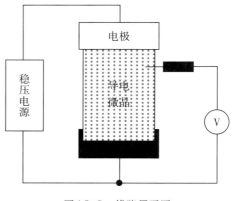

图13-8　线路原理图

探针的滑动不会对线路的总电阻产生太大的影响，自然也就不会对电场分布产生太大的影响。

五、实验步骤

（1）按图13-9所示组装实验装置。将平行板电极放入有机玻璃平台下方，用导线连接电极的插孔和仪器的电源输出插孔。将激光探针移到正极所对应的电极极板上，并接好电缆线。

（2）调节"电压调节"电位器，使输出电压为10 V左右。将激光探针移到负极所对应的电极极板上，看看输出电压是否为0 V。

（3）在有机玻璃平台上铺上描绘用坐标纸，并用夹子固定。利用激光点描绘出电极的范围。

（4）用激光探针在电极间探出电位相同的各点且描下它们在电极坐标系中的位置，分别绘出1 V、2 V、3 V、5 V、7 V的等位线，利用垂直特性画出电场线。

（5）更换电极板，重复（4）的过程。

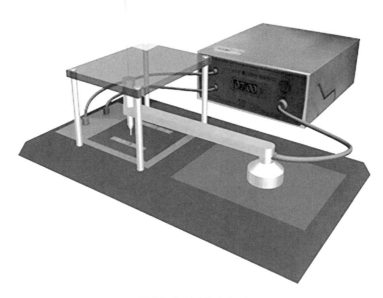

图13-9　测量示意图

六、实验数据与结果

（1）画出平行板电极静电场的等势线和电场线。

（2）画出平行导线电极静电场的等势线和电场线。

（3）画出同轴柱面电极静电场的等势线和电场线。

七、注意事项

(1)等势点距离不要太大,应尽量多测一些等势点。
(2)在测量过程中,两电极间的电压 10 V 应保持不变。

八、思考与讨论

(1)自己组装一套这样的实验装置,需要购买哪些元件?
(2)电极板是由实验室提供的,自己能否制作?
(3)利用该实验装置,自己设计方案,探究不同电极中,电位大小与位置的关系。

实验14 示波器的原理与使用

示波器是一种用途十分广泛的电子测量仪器。它能把肉眼看不见的电信号变换成看得见的图像,便于人们研究各种电现象的变化过程。示波器利用狭窄的、由高速电子组成的电子束,打在涂有荧光物质的屏面上,就可产生细小的光点(这是传统的模拟示波器的工作原理)。在被测信号的作用下,电子束就好像一支笔的笔尖,可以在屏面上描绘出被测信号的瞬时值的变化曲线。利用示波器能观察各种不同信号幅度随时间变化的波形曲线,还可以用它测试各种不同的电学量,如电压、电流、频率和相位差等。

一、实验目的

(1)了解示波器的工作原理。
(2)学习使用示波器,观察各种信号的波形。
(3)用示波器测量信号的电压、频率和相位差。

二、预习要点

(1)示波管的结构和电子的偏转。
(2)示波器的信号显示原理。
(3)示波器面板上各旋(按)钮的作用。

三、实验仪器

YB4320G 双踪示波器、EE1641B型函数信号发生器。

四、实验原理

示波器显示随时间变化的电压,将它加在电极板上,极板间形成相应的变化电场,使进入这个变化电场的电子运动情况随时间做相应的变化,从而通过电子在荧光屏上运动的轨迹反映出随时间变化的电压。

1. 示波器的基本结构

如图14-1所示,通用模拟示波器包括了以下几个主要部分:示波管(又称阴极射线管,cathode ray tube,简称CRT)、Y轴电压放大电路(垂直放大电路)、X轴电压放大电路(水平放大电路)、锯齿波电压发生器(扫描信号发生电路)、信号衰减器和电源等。

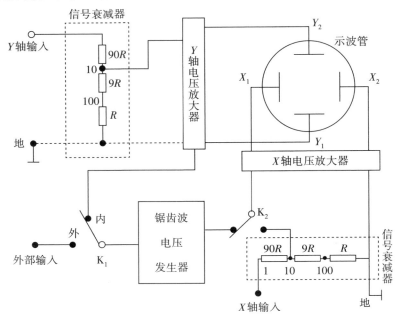

图14-1　示波器的基本结构图

(1)示波管的基本结构如图14-2所示,主要由电子枪、偏转系统和荧光屏三个部分组成,由外部玻璃外壳密封在真空环境中。

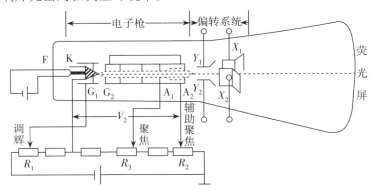

图14-2　示波管的结构示意图

电子枪由灯丝F、阴极K、栅极G、第一阳极A_1和第二阳极A_2组成。阴极K是一个表面涂有氧化物的金属圆筒,被点燃灯丝F加热后向外发射电子。栅极G是一个顶端有一小孔的金属圆筒,套在阴极外面,它的电位比阴极低,对阴极射来的电子起控制作用,只有速度较大的电子才能穿过栅极小孔。因此,通过调节栅极电位,可以改变通过栅极的电子数目,即控制电子到达荧光屏上的数目,而打在荧光屏上的电子数目越多,荧光屏上的光迹越亮。示波器面板上的"辉度"调节旋钮就是起这一作用的。阳极 A_1 与 A_2 由开有小孔的圆筒组成。阳极电位比阴极电位高得多,电子流通过该区域可获得很高的速度,同时阳极区的不均匀电场还能将由栅极过来散开的电子流聚焦成窄细的电子束,因此改变阳极电压可以调节电子束的聚焦程度。示波器面板上的"聚焦"旋钮起这一作用。

偏转系统由两对相互垂直的可加电压的金属平板组成,即 X 偏转板和 Y 偏转板。在两对偏转板上加上电压,当电子束通过偏转板时,在电场力的作用下发生偏转,即改变光点在荧光屏上的位置。设计时保证了荧光屏上 X 方向和 Y 方向光点的位移正比于两对偏转板上所加的电压。垂直偏转板电路有两条支路:一条用于输入机外电压信号,加在 Y 偏转板上;另一条用于校准仪器或观察机内方波信号,机内方波信号直接输入"Y 放大器",经放大后加到 Y 偏转板上。水平偏转板的电路同样有两条支路:一条用于输入外界电压信号或同步信号,加在 X 偏转板上;另一条用来将机内扫描信号经放大后加在 X 偏转板上。

荧光屏位于阴极射线管前端的玻璃屏内表面,涂有发光物质。当高速运动的电子打在上面,其动能被发光物质吸收而发光,在电子轰击停止后,发光仍维持一段时间,称为余辉。发光物质不仅能将电子的动能转换成光能,同时还能转换成热能。因此在操作时要注意不要使光点长时间停留在一处。

(2)衰减器和放大器。它包括 X 轴、Y 轴放大器和 X 轴、Y 轴衰减器。

一般示波管的偏转板偏转灵敏度不高,为便于观察较小的信号就需要将输入的信号加以放大,再加到偏转板上。但当输入信号电压过大时,放大器会过载失真,因此需在输入放大器前将信号加以衰减。为此而设置了放大器、衰减器。对应偏转因数的调节旋钮就起这一作用。

(3)扫描信号发生器。它把一个随时间变化的电压信号 $V_y = V(t)$ 加在示波器 Y 偏转板上,只能从荧光屏上观察到光点在垂直方向的运动。如果信号变化较快,荧光屏上光点有一定余辉,便能看到一条垂直的亮线,要想看到波形,则必须在水平偏转板上加上一个与时间成正比的电压信号,即 $V_x = kt$(k 为常数),使光点在垂直方向运动的同时沿水平方向匀速移动,将垂直方向的运动沿水平方向"展开",从而在荧光屏上显示出电压随时间变化的波形。

实际上加在水平偏转板上的信号是"锯齿波",如图14-3所示,其特点是在一周期内电压与时间成正比,到达最大值后又突然变为零,然后进入下一个周期。由于水平偏转板上锯齿波的作用,电子束在水平方向呈周期性地由左至右地运动(回扫时间极短可以忽略),所以把该信号称为"扫描"信号。

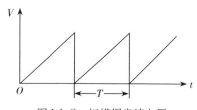

图14-3 扫描锯齿波电压

(4)同步触发系统。待测信号 $V_y = V(t)$ 和扫描信号 $V_x = kt$ 实际上是两个独立的电压信号,若要形成稳定的波形,则待测信号 V_y 的周期 T_y 与扫描锯齿波 V_x 的周期 T_x 之间必须满足:

$$T_x = nT_y \quad (n = 1, 2, 3, \cdots)$$

假设待测信号输入的是正弦波 $V_y = V_0 \sin t$ 加在 Y 偏转板上,扫描信号锯齿波 $V_x = kt$ 加在 X 偏转板上,锯齿波的周期 T_x 与正弦波的周期 T_y 相同,如图 14-4 所示(显示的是二者的合成图)。为了显示如图 14-4 所示的稳定图形,只有保证输入信号正弦波到 I_y 点时,锯齿波正好到 i 点,从而亮点扫完了一个周期的正弦曲线。由于锯齿波这时马上复原,所以亮点又回到 A 点,再次重复这一过程。光点所画的轨迹和第一周期的完全重合,所以在荧光屏上显示出一个稳定的波形,这就是所谓的同步。若周期满足 $T_x = nT_y(n = 1, 2, 3, \cdots)$ 整数倍的情况,荧光屏上将出现一个、两个、三个完整的正弦波形。

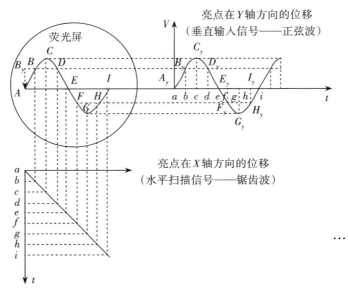

图 14-4　示波器显示波形合成原理图

若锯齿波的周期 T_x 与正弦波的周期 T_y 稍有不同,会出现什么波形呢? 利用图 14-5 来说明。$T_x = \dfrac{3}{4} T_y$,在扫描的第一周期,屏上只显 0～3 点间的波形;第二个周期显示 3～6 点间的波形;第三个周期以此类推。其结果是屏上波形均不重合,就好像波形向右移动一样;同理,若 T_x 略大于 T_y,波形好像向左移,这种现象称为不同步。因为 T_x、T_y 不满足整数倍条件,所以每次扫描开始时起点不同。

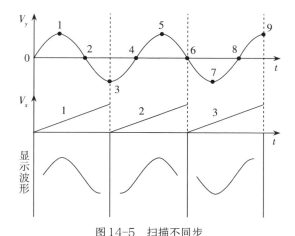

图 14-5 扫描不同步

如何才能始终保持二者的周期成整数倍,从而使波形保持稳定呢? 常用"同步"的办法或用"触发扫描"的方法。

"同步"的做法是将 Y 轴输入的信号接到锯齿波发生器中,强迫 T_x 跟着 T_y 变化,以保证 $T_x = nT_y$ 条件得到满足,使波形稳定;或者用机外接入某一频率稳定的信号,作为同步用的信号源,使波形稳定。面板上的"同步增幅""同步水平"等旋钮即为此而设。需要注意的是,同步信号幅度的大小要适当。太小不起作用,太大会使波形严重失真。

"触发扫描"是由于对窄脉冲信号难以看清脉冲信号的前后沿,而必须采取扫描方式。其基本原理是使扫描电路仅在被测信号触发下才开始扫描,过一段时间自动恢复始态,完成一次扫描。这样每次扫描的起点始终由触发信号控制,每次屏上显示的波形都重合,图像必然稳定。实际上,示波器中并非直接用被测信号触发扫描,而是从 Y 轴放大器的被测信号取出一部分,使其变成与波形触发点相关的尖脉冲,去触发闸门电路,进而启动扫描电路输出锯齿波。由于脉冲"很窄",所以它准确地反映了触发点的位置,从而保证了扫描与被测信号总是"同步",屏上即会显示稳定图像。

2. 李萨如图形

把两个正弦信号分别加到垂直偏转板与水平偏转板上,则光点的运动轨迹是两个互相垂直的简谐振动的合成。当两个正弦信号频率之比为整数倍时,其合成的图形是一个稳定的闭合曲线,称该闭合曲线为李萨如图形,如表 14-1 所示。

表 14-1 李萨如图形

频率比	相位差			
	$\Delta\varphi = 0$	$\Delta\varphi = \dfrac{\pi}{4}$	$\Delta\varphi = \dfrac{\pi}{2}$	$\Delta\varphi = \dfrac{3}{4}\pi$
1:2				

续表

频率比	相位差			
	$\Delta\varphi = 0$	$\Delta\varphi = \dfrac{\pi}{4}$	$\Delta\varphi = \dfrac{\pi}{2}$	$\Delta\varphi = \dfrac{3}{4}\pi$
1:3				
2:3				

令 f_y 和 f_x 分别代表垂直偏转板和水平偏转板的正弦信号的频率,当荧光屏上显示出稳定的李萨如图形时,在水平和垂直方向分别作二直线与图形相切或相交,数出此二直线与图形的切点数或交点数,则

$$\frac{f_y}{f_x} = \frac{\text{水平直线与图形的切点数}}{\text{垂直直线与图形的切点数}}$$

或

$$\frac{f_y}{f_x} = \frac{\text{水平直线与图形相交的点数}}{\text{垂直直线与图形相交的点数}}$$

利用这一关系可以测量正弦信号频率。例如,输入的两个正弦信号中一个为已知频率的信号,则把两个正弦信号分别输入到垂直偏转板与水平偏转板上,调出稳定的李萨如图形,从上式中就可求出待测正弦信号的频率。

五、实验步骤

开机前的准备工作:了解示波器面板上各功能键的作用。将示波器辉度调节旋钮、聚焦调节旋钮、水平位移按钮、垂直位移旋钮调至居中位置,按下电源开关。

1. 示波器测量信号的电压和频率

对于一个稳定显示的正弦电压波形,电压和频率可以用以下方法读出:

$$U_{\text{p-p}} = a \times h, \quad f = (b \times l)^{-1}$$

其中 a 为垂直偏转因数(电压偏转因数)(从示波器面板的衰减器开关上可以直接读出),单位为 V/div 或 mV/div;h 为输入信号的峰—峰高度,单位 div;b 为扫描时间系数,从主

扫描时间系数选择开关上可以直接读出，单位 s/div、ms/div 或 μs/div；l 为输入信号的单个周期宽度，单位 div。

（1）打开电源开关并切换到 DC 挡，拨动垂直工作方式开关，选择未知信号所在通道。

（2）通过调节"扫描时间系数选择开关"和"垂直偏转系数开关"，以及它们对应的微调开关，使未知信号图形的高度和波形个数便于测量。同时在开关上读出计算所需的 a、b 值。

（3）调节"垂直位移"与"水平位移"旋钮，利用荧光屏上刻度读取 l、h 值，并记录。

2. 李萨如图形测量信号的频率

李萨如图形与 X 轴和 Y 轴的最大交点数 n_x 与 n_y 之比正好等于 Y、X 端的输入电压频率之比。

$$f_y : f_x = n_x : n_y$$

在示波器 CH1 通道接入频率为 150 Hz 的正弦交流信号，在 CH2 通道接入另一正弦交流信号，调节示波器，选择 X–Y 显示，观察并描绘李萨如图形。

六、实验数据与结果

表 14-2　正弦信号电压和频率的测量

示波器				计算结果		
垂直偏转因数 $a(\mathrm{V \cdot div^{-1}})$	$h(\mathrm{div})$	扫描时间系数 $b(\mathrm{ms \cdot div^{-1}})$	$l(\mathrm{div})$	$U_{\mathrm{p-p}}(\mathrm{V})$	$T(\mathrm{ms})$	$f(\mathrm{Hz})$
实际电压（最大值）/V				信号频率/Hz		

表 14-3　李萨如图形的绘制

$n_x : n_y$	1:1	1:2	2:3	3:2	2:1
图形形状					
$f_x(\mathrm{Hz})$	150	150	150	150	150
$f_y(\mathrm{Hz})$					

七、注意事项

(1)转动面板上各旋钮时,不能用力过猛,以免损坏仪器。

(2)应避免示波器上的光点长时间停留在荧光屏某点上,以免荧光屏损坏。

八、思考与讨论

(1)最简单的示波器包括哪几个部分?

(2)若示波器电源打开后,屏幕上无光点出现,可能是什么原因? 如何调整?

(3)观察波形的几个重要步骤是什么?

(4)怎样用李萨如图形法来测量正弦波的频率?

(5)若发现示波器上的图形向右运动,则扫描信号的频率与待测电信号的频率是什么关系?

(6)示波器能否精确测量电压、周期、频率和相位差? 为什么? 示波器的真正功能是什么?

实验15　用牛顿环测平凸透镜曲率半径
及观察劈尖干涉现象

　　牛顿环和劈尖都是典型的等厚干涉，它们都是分振幅干涉的干涉元件。牛顿环是牛顿在1675年首先发现的，虽然实验装置比较简单，但可以测量平凸、平凹透镜中曲面的曲率半径；劈尖干涉可以测量细丝直径、薄膜厚度等，且测量精度较高。还可以利用牛顿环干涉和劈尖干涉条纹分布的疏密是否规则、均匀来检查光学平面的平整度与光学球面的加工质量。

一、实验目的

　　(1)学习使用读数显微镜。
　　(2)观察牛顿环产生的干涉现象，测量平凸透镜的曲率半径。
　　(3)观察劈尖干涉现象，测量薄纸片的厚度或头发丝的直径。
　　(4)掌握逐差法处理数据。

二、预习要点

　　(1)等厚干涉的原理。
　　(2)读数显微镜的使用。

三、实验仪器

　　读数显微镜、牛顿环仪、劈尖、钠光灯、台灯。

四、实验原理

1. 仪器的结构和使用

　　本实验的主要仪器包括读数显微镜、钠光灯、牛顿环仪和劈尖。读数显微镜由显微镜和螺旋测微器组成，作为测量长度的精密仪器，主要用来测量微小的或无法夹持的细小物体,如毛细管的内径、狭缝、柔软物体或影像的宽度等。如图15-1所示,读数显微镜的主要部分有放大物体的显微镜和读数、移动装置。

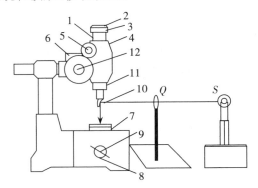

1.目镜筒;2.目镜;3.锁紧螺钉;4.锁紧螺钉;5.调焦手轮;6.标尺;7.载物台;8.反光镜旋轮;9.反光镜;10.分束镜;11.物镜组;12.测微手轮

图15-1 读数显微镜结构

用显微镜放大被测物,显微镜的目镜筒中装有十字叉丝,移动目镜筒时,用以对准被测部位进行测量读数,显微镜依靠它与测微螺杆上的螺母套筒相连而移动。当旋转测微鼓轮,即旋转测微螺杆时,就可带动显微镜左右移动。常用的读数显微镜测微螺杆的螺距为1 mm,测微鼓轮圆周上等分100小格,移动一格的分度值即为0.01 mm,读数原理与螺旋测微器相同。读数显微镜的读数由标尺读数和鼓轮读数组成,从标尺读得毫米以上的整数部分,从鼓轮上读得毫米以下的小数部分,如图15-2所示,标尺读数为31.00 mm,鼓轮读数为0.172 mm,由此得到显微镜对准位置的读数为31.172 mm。

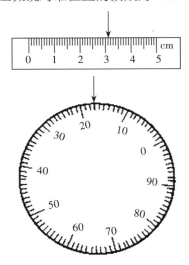

图15-2 读数显微镜的读数方法

读数显微镜在使用时要注意以下几点。

(1)根据测量对象的具体情况,确定读数显微镜的安放位量,将待测物体放在显微镜的正前方或正下方。

（2）利用工作台下面附有的反光镜，使显微镜有明亮的视场。

（3）调节显微镜的目镜，看清十字叉丝，并使十字叉丝中的横丝平行于读数标尺。

（4）调节物镜与物体的距离，应先从外部观察，降低镜筒，从尽量靠近被测物体开始，边从目镜中观察，边缓慢提升物镜（不要盲目降低物镜，以免碰破物镜）。直至被测物体清晰地成像在叉丝平面上，达到消除视差为止，即当眼睛上下或左右移动时，叉丝与待测物体的像之间无相对移动，否则应反复调节目镜和物镜。

（5）测量时，应使叉丝中的横丝与镜筒移动方向平行，移动和对线时应满足测量的几何关系要求，如叉丝中的纵丝与被测部位相切，物体的长度就是物体两边位置读数的差值。

（6）测微螺杆与螺母存在间隙，测量时，鼓轮只能往一个方向旋进，若中途倒转，两次对线读数之差包含了回程误差，使测量距离不准。

钠光灯是利用钠蒸气在放电管内进行弧光放电而发光的，其发光过程是：阴极发射的电子被两极间的电场加速，高速运动的电子与钠蒸气原子碰撞，则电子的动能转移给钠原子并使其激发，受激发的钠原子返回基态时便发出一定波长的光。电子不断产生和经电场加速，发光过程就不断地进行下去。

钠光灯的主要部件是特制的玻璃泡，内充有氖、氩混合气和金属钠滴。通电后，氖气即放电，发出红光，然后由于放电发热使金属钠滴逐渐蒸发产生钠蒸气，逐渐代替氖气放电。其辐射谱线在可见光范围内有两条，波长是 589.0 nm 和 589.6 nm，显橙黄色。由于两者十分接近，因此钠灯可作为比较好的单色光源来使用，其平均波长为 589.3 nm。

牛顿环仪是由一块平凸透镜和一块精磨的平板玻璃叠合在一起并装在圆环金属框架中而构成的。金属框边有三个旋钮，可以调节平凸透镜和平面玻璃的接触点的位置。（注意：调节时不能旋得太紧，而且使接触点大致在中心位置）

劈尖是由两块精磨的平板玻璃一端叠合、另一端夹一薄纸片（或头发丝）并装在矩形金属框内而构成的。金属框前后端均有旋钮，用来保证平板玻璃的一端紧密接触（此为棱边），另一端与所夹的薄纸片（或头发丝）也是紧密接触的，并且使干涉条纹与棱边平行。

2. 牛顿环

在一块平面玻璃上安放一块曲率半径很大的平凸透镜，使其凸面与平面玻璃相接触，在接触点 O 附近形成了一层空气薄膜。当用平行的单色光垂直入射时，空气薄膜上表面的反射光束和下表面的反射光束在薄膜上表面相遇发生干涉，形成以 O 为圆心的明暗相间的环状干涉花样，称为牛顿环，如图15-3所示。

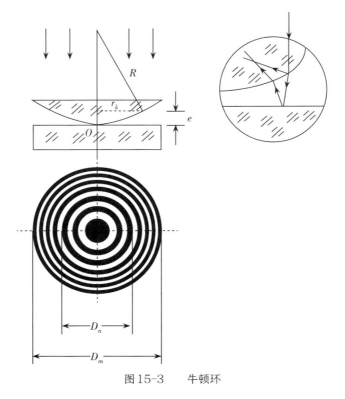

图15-3　牛顿环

在距 O 点的距离为 G 处,两束光的光程差:

$$\delta = 2ne + \frac{\lambda}{2} \approx 2e + \frac{\lambda}{2} \tag{15-1}$$

式中,e 是半径 r_k 处空气薄膜的厚度,λ 是入射光的波长,$\frac{\lambda}{2}$ 是因为光从光疏介质(空气)射向光密介质(玻璃)的交界面上发生反射时产生半波损失而引起的附加光程差,空气折射率 $n \approx 1$。

由图15-3所示几何关系有 $R^2 = (R - e)^2 + r_k^2 = R^2 - 2R \cdot e + e^2 + r_k^2$

通常 R 远大于 e,所以:

$$2R \cdot e \approx r_k^2 \tag{15-2}$$

将式(15-2)代入式(15-1)得:

$$\delta = \frac{r_k^2}{R} + \frac{\lambda}{2} \tag{15-3}$$

由光的干涉理论知:

$\delta = k\lambda$,($k=1,2,3,\cdots$ 为明纹)

$\delta = (2k + 1)\dfrac{\lambda}{2}$,($k=1,2,3,\cdots$ 为暗纹)

故对第 k 级暗环,有

$$r_k^2 = kR\lambda \tag{15-4}$$

如果已知入射光的波长 λ,并测得第 k 级暗环的半径 r_k,则可由式(15-4)求得透镜的曲

率半径 R。但在实际装置中,由于透镜和平面玻璃接触时,接触处的压力要引起形变,致使接触不可能是一个点,而是一个圆面,再加之镜面上可能有微小灰尘存在,这就必然引起附加光程差,使得圆环中心干涉条纹的级次很难确定。为提高测量的准确度,常作如下变换:

设由于形变和灰尘引起的附加厚度为 α,则光程差为 $\delta = 2(e \pm \alpha) + \dfrac{\lambda}{2} = \dfrac{r^2}{R} \pm 2\alpha + \dfrac{\lambda}{2}$

于是对暗环,有 $r^2 = kR\lambda \mp 2R\alpha$,取第 m、n 级暗环,则:

$$r_m^2 = mR\lambda \mp 2R\alpha$$
$$r_n^2 = nR\lambda \mp 2R\alpha$$

两式相减得:

$$r_m^2 - r_n^2 = (m - n)R\lambda$$

或:

$$D_m^2 - D_n^2 = 4(m - n)R\lambda$$

令 $K^2 = D_m^2 - D_n^2$,则有:

$$R = \frac{D_m^2 - D_n^2}{4(m - n)\lambda} = \frac{K^2}{4(m - n)\lambda} \tag{15-5}$$

此即计算透镜曲率半径的公式,它与附加厚度无关。式(15-5)与式(15-4)相比,干涉级次已变为级次差,因而实验时无须确切知道某一干涉环的级次究竟为何值。

3. 劈尖干涉

如图 15-4 所示,两块平面玻璃片,一端互相叠合,另一端夹一薄纸片(为便于说明问题和易于作图,图中纸片的厚度放大了许多)。此时,两玻璃片之间形成一劈尖形的空气薄膜,称为空气劈尖。

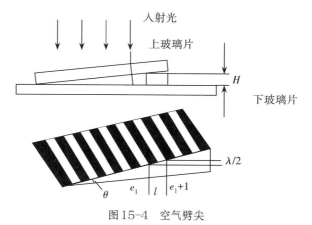

图 15-4　空气劈尖

两玻璃片的交线叫棱边,在平行于棱边的线上,劈尖的厚度是相等的。

当平行单色光垂直入射这样的两块玻璃时,在空气劈尖上下两表面所引起的反射光线将形成相干光。在劈尖厚度为 e 处,上下表面反射形成两相干光线的光程差为

$\delta = 2e + \dfrac{\lambda}{2}$。

$$\delta = 2e + \frac{\lambda}{2} = k\lambda \qquad (k = 1, 2, 3, \cdots 为明纹)$$

所以,干涉调节为:

$$\delta = 2e + \frac{\lambda}{2} = (2k + 1)\frac{\lambda}{2} \quad (k = 1, 2, 3, \cdots 为暗纹)$$

任何两个相邻的明纹或暗纹之间所对应的空气层厚度之差为 $e_{k+1} - e_k = \dfrac{\lambda}{2}$。

只要用读数显微镜测出任何两个相邻的明纹或暗纹之间的距离 l(条纹间距)和两平面玻璃的交线到薄纸片边缘的距离 L,利用三角形的比例关系可得薄纸片的厚度 H,其计算公式为:

$$H = \frac{L}{l} \times \frac{\lambda}{2} \tag{15-6}$$

五、实验步骤

1. 测平凸透镜的曲率半径

(1)调整牛顿环装置,观察干涉现象。

摆放好仪器,打开钠光灯电源,预热。在摆放仪器时,一定要注意光路。将钠光灯下的升降台调至合适高度,使钠光灯的出光口比读数显微镜的载物台高5 cm左右,转动钠光灯,使其出光口正对读数显微镜。适当调节读数显微镜的反光镜旋轮,使在读数显微镜目镜中看到均匀的光场。

调节读数显微镜的目镜,使十字叉丝的像清晰无视差。转动读数显微镜的测微鼓轮,使其物镜镜筒移至标尺的中间附近。转动物镜上的45°反射镜,使其正对钠光灯。

将牛顿环放在载物台上,放置时先在读数显微镜外观察牛顿环的干涉条纹的位置,再把它移到物镜正下方,转动调焦手轮,将物镜缓慢下降,直到物镜上的45°半反射镜与牛顿环接触为止。再反方向转动调焦手轮,自下而上缓慢移动物镜,直到在目镜中看到清晰的牛顿环为止,再次调整牛顿环的位置,并适当转动测微鼓轮,使读数显微镜目镜内的叉丝正对牛顿环的中心。

(2)测量凸透镜的曲率半径。

沿一个方向转动读数显微镜的测微鼓轮,使读数显微镜的十字叉丝向一个方向移动,当向右移动到第20级干涉环时,把测微鼓轮反方向转动,使叉丝反方向移动(向左移动)。当叉丝的竖线刚好对准第17级暗环的暗线中间时,记下标尺的读数。继续同方向转动测微鼓轮,依次记下第16、15、14、13和7、6、5、4、3级暗环的环线中间的位置,继续同方向转动测微鼓轮,使叉丝越过牛顿环的中央暗斑,至左边第3级暗环的环线中间时,再次记下标尺的读数,再继续同方向转动测微鼓轮,依次记下左边第4、5、6、7和13、14、15、16、17级暗环的环线中间的位置。

首先,测量时要注意,测微鼓轮应沿一个方向转动,中途不能反转,以免引起回程误差。其次,测量时应缓慢转动测微鼓轮,不得在测量过程中出现十字叉丝的竖线越过暗环的环线中间而还没有测量此环的位置的情况。

2. 测量薄纸片的厚度或头发丝的直径

(1)调整劈尖装置,观察干涉现象。

摆放好仪器并调整仪器后,将劈尖放在载物台上,并把它移到物镜正下方。转动调焦手轮,将物镜缓慢下降,直到物镜下的45°半反射镜与劈尖接触为止。再反方向转动调焦手轮,自下而上缓慢移动物镜,直到在目镜中看到清晰的干涉条纹。再次调整劈尖的位置,并适当转动测微鼓轮,使读数显微镜目镜内叉丝的竖线与干涉条纹平行。

(2)测量薄纸片的厚度(或头发丝的直径)。

沿一个方向转动读数显微镜的测微鼓轮,使读数显微镜的十字叉丝向夹有薄纸片(或头发丝)的一端移动。当移动到薄纸片(或头发丝)的位置时,平移钠光灯,使其出光口正对物镜,把测微鼓轮反方向转动,使叉丝反方向移动。当干涉条纹比较规则、清晰时,以此条纹的位置为 M_0,当叉丝的竖线刚好对准此级干涉条纹中间时,记下标尺的读数。继续同方向转动测微鼓轮,依次记下第 $10, 20, \cdots, 90$ 级干涉条纹的位置 $M_1, M_2, \cdots, M_9$。

首先,由于在测量的过程中,物镜移动的距离较大,为了使钠光灯的出光口正对物镜,所以在每测 10 级干涉条纹后都应平移钠光灯。其次,由于劈尖的棱边被金属框遮住,无法测出其位置,因此,实验室在组装劈尖时先固定好薄纸片(或头发丝),测出棱边到薄纸片(或头发丝)的距离,并作为已知参数告知学生。

六、实验数据与结果

1. 测平凸透镜的曲率半径 R

表15-1　凸透镜的曲率半径 R

暗环级数 m	17	16	15	14	13
环的位置(mm)					
环的直径 D_m(mm)					
暗环级数 n	7	6	5	4	3
环的位置(mm)					
环的直径 D_n(mm)					
$m-n$	10	10	10	10	10
K^2(mm^2)					

（1）用计算器统计功能直接计算$\bar{K}$和$\sigma(\bar{K})$。

（2）计算K的不确定度。

（3）计算R。

（4）计算R的相对不确定度。

$$E = \frac{u_c(\bar{R})}{\bar{R}} = \sqrt{\left[\frac{u(\bar{K})}{\bar{K}}\right]^2 + \left[\frac{u(\bar{m})}{m-n}\right]^2 + \left[\frac{u(\bar{n})}{m-n}\right]^2 + \left[\frac{u(\bar{\lambda})}{\bar{\lambda}}\right]^2} = \underline{\hspace{4cm}}。$$

其中钠光波长为589.3 nm，不确定度取0.03 nm。

（5）计算R的不确定度。

2. 测量薄纸片的厚度或头发丝的直径

$L = (\underline{\hspace{1.5cm}} \pm \underline{\hspace{1.5cm}})$mm

表15-2　测量薄纸片的厚度或头发丝的直径数据　　　　单位:mm

干涉条纹的位置读数	M_0	M_1	M_2	M_3	M_4	M_5	M_6	M_7	M_8	M_9
$\Delta M_{i-4} = M_i - M_{i-5}$										

（1）用逐差法计算干涉条纹的条纹间距l。

将$M_0, M_1, M_2, \cdots, M_9$分成前后两组：$M_0, \cdots, M_4$为第一组，$M_5, \cdots, M_9$为第二组，对应项依次相减，得$\Delta M_1 = M_5 - M_0, \cdots, \Delta M_5 = M_9 - M_4$。

计算ΔM，先直接用计算器的统计功能计算$\overline{\Delta M}$和$S_{\Delta M}$。

$$\overline{\Delta M} = \frac{1}{5}\sum_{i=1}^{5}\Delta M_i$$

$$S_{\Delta M} = \sqrt{\frac{1}{5-1}\sum_{i=1}^{5}\left(\Delta M_i - \overline{\Delta M}\right)^2}$$

计算ΔM的不确定度。

$$\Delta_{A_{\Delta M}} = S_{\Delta M}/\sqrt{5}$$

$$\Delta_{B_{\Delta M}} = \Delta_{仪}$$

$$\Delta_{\Delta M} = \sqrt{\Delta_{A_{\Delta M}}{}^2 + \Delta_{B_{\Delta M}}{}^2}$$

写出ΔM的表达式。

$$\Delta M = \overline{\Delta M} \pm \Delta_{\Delta M}, P = 0.95$$

（2）计算薄纸片的厚度H（或头发丝的直径d）。

因为$\Delta M = 50l$，则$H = \frac{L}{l} \cdot \frac{\lambda}{2}$变形为$H = \frac{50L}{\Delta M} \cdot \frac{\lambda}{2}$。

将ΔM、L、λ代入$\bar{H} = \frac{50L}{\Delta M} \cdot \frac{\lambda}{2}$计算$\bar{H}$，注意单位要统一。

H的相对不确定度：

*H*的不确定度：

*H*的结果表达式：

七、注意事项

（1）切勿用手触摸读数显微镜的镜头，调节显微镜镜筒高度时，应自下而上缓慢调整，以免损坏物镜和玻璃片。

（2）左右移动读数显微镜镜筒时，应同方向缓慢转动，不能改变转动方向，避免空程误差。

八、思考与讨论

（1）如何正确使用读数显微镜？

（2）画出实验光路示意图。

（3）牛顿环的干涉条纹是由怎样的两束光产生的？　这两束光为什么能满足相干条件？

（4）试比较牛顿环和劈尖干涉条纹的异同；若看到的牛顿环局部不圆，说明了什么？

（5）简要叙述测量凸透镜的曲率半径时读数的先后次序以及实验过程中应注意的问题。

实验16　用双棱镜干涉测钠光波长

法国科学家菲涅耳在1826年进行的双棱镜实验证明了光的干涉现象的存在,可以不借光的衍射而形成分波面干涉,用毫米级的测量得到纳米级的精度,其物理思想、实验方法与测量技巧至今仍然值得我们学习。

一、实验目的

(1) 观察双棱镜产生双光束干涉现象,进一步理解产生干涉的条件。
(2) 学会用双棱镜测定钠光波长。

二、预习要点

(1) 凸透镜的成像原理。
(2) 光的干涉。
(3) 等高共轴调节。

三、实验仪器

双棱镜、可调狭缝、凸透镜、观察屏、光具座、测微目镜、钠光灯、白屏。

四、实验原理

如果两列频率相同的光波沿着几乎相同的方向传播,并且这两列光波的位相差不随时间而变化,那么在两列光波相交的区域内,光强的分布是不均匀的,某些地方加强,在另一些地方减弱,这种现象称为光的干涉。

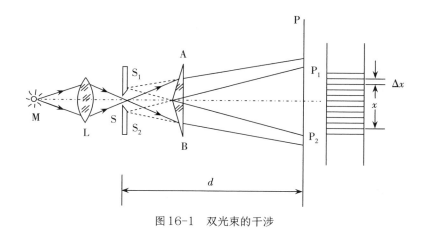

图 16-1　双光束的干涉

菲涅耳利用图 16-1 的装置，获得了双光束的干涉现象。

双棱镜 AB 是一个分割波前的分束器，结构如图 16-2 所示。将一块平玻璃板的上表面加工成两块楔形板，端面与棱脊垂直，楔角 ∂ 一般小于 1°。

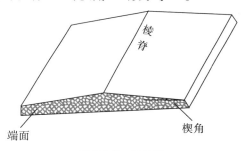

图 16-2　双棱镜

从 M 发出的单色光波经透镜 L 会聚于狭缝 S，使 S 成为具有较大亮度的线状光源。当狭缝 S 发出的光波投射到双棱镜 AB 上时，就会发生折射，其波前便分割成两部分，形成沿不同方向传播的两束光，就好像它们是由虚光源 S_1 和 S_2 发出的一样，故在两束光相互交叠区域 P_1P_2 内产生干涉。如果狭缝的宽度较小且双棱镜的棱脊和光源狭缝平行，便可在白屏 P 上观察到平行于狭缝的等间距干涉条纹。

设两虚光源 S_1 和 S_2 间的距离为 d'，虚光源所在的平面至观察屏 P 的距离为 d，且 $d' \ll d$，干涉条纹宽度为 Δx，则所用光波波长 λ 可表示为：

$$\lambda = \frac{d'}{d} \Delta x \tag{16-1}$$

式（16-1）表明，只要测出 d'、d 和 Δx 就可算出光波波长。

Δx 很小，必须使用测微目镜进行测量。两虚光源间的距离 d'，可用已知焦距为 f' 的会聚透镜 L' 置于双棱镜与测微目镜之间（图 16-3），由透镜两次成像法求得。如果分别测得二个放大像的间距 d_1 和二个缩小像的间距 d_2，则根据下式：

$$d' = \sqrt{d_1 d_2} \tag{16-2}$$

即可求得 d'。

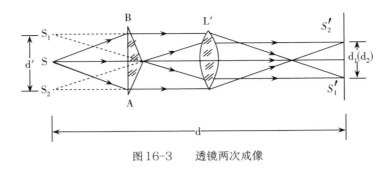

图 16-3　　透镜两次成像

五、实验步骤

1. 调节共轴

(1)将单色光源 M、会聚透镜 L、狭缝 S、双棱镜 AB 与测微目镜 P,按图 16-1 所示次序放置在光具座上,用目视粗略地调整它们中心等高、共轴,并使双棱镜的底面与系统的光轴垂直,棱脊和狭缝的取向大体平行。

(2)点亮光源 M,通过透镜照亮狭缝 S,用手执白屏在双棱镜后面检查:经双棱镜折射后的光束,是否有叠加区 P_1P_2(应更亮些)? 叠加区能否进入测微目镜? 当白屏移去时叠加区是否逐渐向左、右(或上、下)偏移? 根据观测到的现象,作出判断,再进行必要的调节(共轴)。

2. 调节干涉条纹

(1)减小狭缝宽度,一般情况下可从测微目镜观察到不太清晰的干涉条纹。

(2)绕系统光轴缓慢地调节狭缝的方向,将显现出清晰的干涉条纹。这时棱镜的棱脊与狭缝的取向严格平行。

(3)在看到清晰的干涉条纹后,就将双棱镜或测微目镜前后移动,使干涉条纹的宽度适当。

双棱镜和狭缝的距离不宜过小,因为减小它们的距离,S_1、S_2 间距也将减小,这对 d 的测量不利。

3. 测量与计算

(1)用测微目镜测量干涉条纹的宽度 x。测出 n 条干涉条纹的间距,再除以 n,即得 Δx。测量时,先使目镜叉丝对准某亮纹 k 的中心,然后旋转测微螺旋,使叉丝移过 10 个亮条纹,使目镜叉丝对准第 $k+10$ 条亮纹的中心,读出两次读数,填入数据表 16-1 中,测量 5 次,求出 x 的平均值。

(2)用米尺量出狭缝到测微目镜叉丝平面的距离 d,测量 3 次,取其平均值。

(3)用透镜两次成像法测两虚光源的间距 d'。保持狭缝与双棱镜原来的位置不变(问:为什么位置不能改变? 测微目镜能否移动?),在双棱镜和测微目镜之间放置一已知焦距为f'的会聚透镜 L′，移动测微目镜使它到狭缝的距离大于$4f'$，分别测得两次清晰放大和缩小实像的间距d_1和d_2，将其填入表16-2中，各测五次，取其平均值，再计算值d'。

（4）用所测得的Δx、d'和d值，求出光源的光波波长λ。

六、实验数据与结果

表16-1 测量干涉条纹宽度

序数	初位置读数（mm）	序数	末位置读数（mm）	10个干涉条纹宽度$10\Delta x$（mm）
k_1		k_1+10		
k_2		k_2+10		
k_3		k_3+10		
k_4		k_4+10		
k_5		k_5+10		
$\overline{\Delta x}$				

表16-2 两虚光源之间的距离

序数	放大像			缩小像		
	初位置读数（mm）	末位置读数（mm）	d_1（mm）	初位置读数（mm）	末位置读数（mm）	d_2（mm）
1						
2						
3						
4						
5						
$\overline{d_1}$				$\overline{d_2}$		

七、注意事项

（1）要调节狭缝与双棱镜棱脊平行，以便等分光束。

（2）使用测微目镜时，应避免回程误差。

八、思考与讨论

（1）使用测微目镜时，要避免回程误差；旋转测微鼓轮时动作要缓慢。

（2）在测量光源狭缝至观察屏的距离 d 时，因为狭缝平面和测微目镜的分划板平面均不和光具座滑块的读数准线共面，必须引入相应的修正，对 GP-78 型光具座，狭缝平面位置的修正量为 42.5 mm，MCU-15 型测微目镜分划板平面的修正量为 27.0 mm。

（3）实验结束后应把光具座导轨上的各光学元件及其基座取下，放在它的支撑架附近，以免导轨长期受压变形。

第四章

综合物理实验

实验17　转动惯量的测定

转动惯量是刚体转动惯性大小的量度,是表征刚体特性的一个物理量。转动惯量的大小除与物体质量有关外,还与转轴的位置和质量分布(物体的形状、大小和密度)有关。如果刚体形状简单,且质量分布均匀,可直接计算出它绕特定轴的转动惯量。但在工程实践中,我们常碰到大量形状复杂,且质量分布不均匀的刚体,理论计算其转动惯量非常复杂,通常采用实验方法来测定。

转动惯量的测量,一般都是使刚体以一定的形式运动。通过表征这种运动特征的物理量与转动惯量之间的关系,进行转换测量。测量刚体转动惯量的方法有多种,三线摆法是具有较好物理思想的实验方法,它具有设备简单、直观、测试方便等优点。

一、实验目的

(1)学会用三线摆法测定物体的转动惯量。
(2)学会用累积放大法测量周期运动的周期。
(3)验证转动惯量的平行轴定理。

二、预习要点

(1)转动惯量定律和转动惯量的平行轴定理。
(2)塔轮法、扭摆法和三线摆法测刚体转动惯量的异同。

三、实验仪器

FB210型三线摆转动惯量实验仪、FB213型数显计时计数毫秒仪、钢卷尺、游标卡尺、电子天平、圆环(1个)、小圆柱体(2个)。

四、实验原理

三线摆实验装置如图17-1所示,上、下圆盘均处于水平,且悬挂在横梁上。三个对称分布的等长悬线将两圆盘相连。上圆盘固定,下圆盘可绕中心轴做扭摆运动。当下盘转动角度很小,且略去空气阻力时,扭摆的运动可近似看作简谐运动。根据能量守恒定律和刚体转动定律均可以导出物体绕中心轴OO'的转动惯量。

$$I_0 = \frac{m_0 gRr}{4\pi^2 H_0} T_0^2 \qquad (17-1)$$

式中各物理量的意义如下:m_0为下盘的质量;r、R分别为上下悬点离各自圆盘中心的距离;H_0为平衡时上下盘间的垂直距离;T_0为下盘做简谐运动的周期;g为重力加速度。

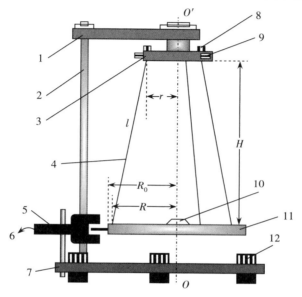

1.横梁;2.立柱;3.上圆盘;4.悬线;5.光电门;6.毫秒仪;7.悬线扣;8.底板;9.调节螺钉;10.水准器;11.下圆盘;12.水平调节螺钉

图17-1 三线摆实验装置图

将质量为M_A的待测刚体放在下盘上,并使待测刚体的转轴与OO'轴重合。测出此时下盘运动周期T_A和上下圆盘间的垂直距离H。同理可求得待测刚体和下圆盘对中心转轴OO'轴的总转动惯量为:

$$I_1 = \frac{(m_0 + M_A)gRr}{4\pi^2 H} T_A^2 \qquad (17-2)$$

如不计因重量变化而引起的悬线伸长,则有$H \approx H_0$。那么,待测物体绕中心轴OO'的转动惯量为:

$$I = I_1 - I_0 = \frac{gRr}{4\pi^2 H} [(m_0 + M_A)T_A^2 - m_0 T_0^2] \qquad (17-3)$$

因此,通过长度、质量和时间的测量,便可求出刚体绕某轴的转动惯量。用三线摆法还可以验证转动惯量的平行轴定理。若质量为m的物体绕过其质心轴的转动惯量为I_C,当转轴平行移动距离d时(图17-2),则此物体对新轴OO'的转动惯量为$I_{OO'} = I_C + md^2$。这一结论称为转动惯量的平行轴定理。实验时将质量均为M_C,形状和质量分布完全相同的两个小圆柱体对称地放置在下圆盘上。按同样的方法,测出两小圆柱体和下盘绕中心轴OO'

的转动周期T_C,则可求出每个小圆柱体对中心转轴OO'的转动惯量:

$$I_x = \frac{1}{2}\left[\frac{(m_0 + 2M_C)gRr}{4\pi^2 H}T_C^2 - I_0\right] \tag{17-4}$$

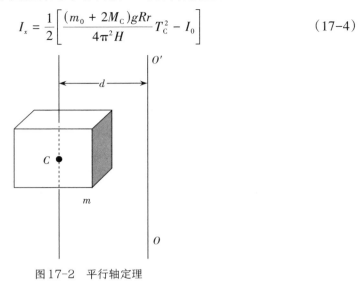

图 17-2　平行轴定理

如果测出小圆柱体中心与下圆盘中心之间的距离d以及小圆柱体的半径R_C,则由平行轴定理可求得:

$$I_x' = \frac{1}{2}M_C R_C^2 + M_C d^2 \tag{17-5}$$

比较I_x与I_x'的大小,可验证平行轴定理。

五、实验步骤

(1)调整上盘水平:调整底座上的三个旋钮,直至上盘面水准仪中的水泡位于正中间。

(2)调整下盘水平:调整上圆盘上的三个旋钮,改变三条摆线的长度,直至下盘水准仪中的水泡位于正中间。

(3)测量空盘绕中心轴OO'转动的周期T_0:轻轻转动上盘(思考如何正确启动上盘),带动下盘转动,这样可以避免三线摆在做扭摆运动时发生晃动(注意扭摆的转角不能过大,最好控制在5°以内)。周期的测量常用累积放大法,即用计时工具测量累积多个周期的时间,然后求出其运动周期(想一想,为什么不直接测量一个周期)。如果采用自动光电计时装置,光电门置于平衡位置,即将下盘通过平衡位置作为计时的起止时刻,使下盘上的挡光杆处于光电探头的中央,且能遮住发射和接收红外线的小孔,然后开始测量;如用秒表手动计时,也应以过平衡位置作为计时的起止时刻(想一想为什么),并默读5、4、3、2、1、0,当数到"0"时启动秒表,这样既有一个计数的准备过程,又不至于少数一个周期。

(4)测出待测圆环与下盘共同转动的周期T_A:将待测圆环置于下盘上,注意使两者中心重合,按同样的方法测出它们一起运动的周期T_A。

(5)用三线摆验证平行轴定理:将两个圆柱体对称放置在下盘上,测出其与下盘共同

转动的周期 T_c 和两个圆柱体的间距 $2d$。不改变小圆柱体放置的位置,重复测量3次。

(6)其他物理量的测量:

①用米尺测出上、下圆盘各悬点之间的距离 a 和 b;用米尺测出两圆盘之间的垂直距离 H。

②用游标卡尺测出待测圆环的内、外直径 D_1、D_2 和小圆柱体的直径 D_c。

③记录各刚体的质量。

六、实验数据与结果

下盘质量=_____ g,待测圆环的质量=_____ g,小圆柱体的质量=_____ g。

表17-1 有关长度测量的记录表

项目序号	上下圆盘的垂直距离 H(mm)	上盘悬点之间距离 a(mm)	下盘悬点之间距离 b(mm)	下圆盘的几何直径 D_0(mm)	待测圆环		小圆柱体直径 D_c(mm)	放置小圆柱体两孔间的距离 $2d$(mm)
					内直径 D_1(mm)	外直径 D_2(mm)		
1								
2								
3								
平均值								

表17-2 累积法测周期的数据记录表

	下盘 t_0(s)		下盘加圆环 t_A(s)		下盘加两个小圆柱体 t_c(s)	
摆动50次所需时间	第1次		第1次		第1次	
	第2次		第2次		第2次	
	第3次		第3次		第3次	
	平均		平均		平均	

(1)圆环转动惯量的测量及计算。

根据以上数据,求出待测圆环的转动惯量,将其与理论计算值比较,求相对误差,并进行讨论。已知理想圆环绕中心轴转动惯量的计算公式为 $I_{理论} = \dfrac{m}{8}(D_1^2 + D_2^2)$。

(2)验证平行轴定理。

(3)利用式(17-4)和式(17-5)计算小圆柱体对中心转轴 OO' 的转动惯量,并计算相对误差。

七、注意事项

(1)切勿直视光电门激光光源或让激光光束直射人眼,以免伤害眼睛。

(2)做完实验后,要把样品放好,不要划伤表面,以免影响后续实验。

(3)转动三线摆上圆盘时,不可使下圆盘发生左右颤摆。

八、思考与讨论

(1)用三线摆测量刚体转动惯量时,为什么必须保持下盘水平?

(2)在测量过程中,如果下盘出现晃动对周期的测量有影响吗? 如有影响,应该如何避免?

(3)三线摆在摆动中受空气阻尼,振幅越来越小,它的周期是否会变化? 对测量结果影响大吗? 为什么?

(4)检验平行轴定理时,为什么要对称地放两个小圆柱体? 只放置一个小圆柱体行不行?

实验18　声速的测定

声波是可被人耳感知的、振动频率在20~20 000 Hz之间的机械波。声波在空气、水、铁轨等不同的介质中有不同的传播速度,测量波速的常用方法有驻波法、行波法和时差法。超声波是振动频率高于20 000 Hz的机械波,虽不能被人耳所感知,但它的传播速度和声波速度是一样的。本实验以超声波作为波源,采用驻波法进行声速测量。

一、实验目的

(1)了解声速测量仪的基本工作原理。
(2)掌握用驻波法测量空气和液体中的声速的方法。
(3)学会用逐差法处理实验数据。

二、预习要点

(1)超声换能器产生和接收超声波的原理。
(2)共振干涉法测量声速的原理。
(3)信号发生器和示波器的使用方法。

三、实验仪器

信号发生器、示波器、声速测量仪。

四、实验原理

1. 驻波法测量声速的原理

驻波法也称为驻波共振法。如图18-1所示,两列振幅相同的相干波y_1(短虚线)和y_2(长虚线)分别沿x轴正方向和负方向传播,取两波的振动相位始终相同的点作为坐标原点,并在$x=0$处振动质点向上运动到最大位移时开始计时,即该处质点振动的初相位为零,则y_1和y_2可分别表示为:

$$y_1 = A \cos 2\pi \left(\frac{t}{T} - \frac{x}{\lambda} \right)$$

$$y_2 = A \cos 2\pi \left(\frac{t}{T} + \frac{x}{\lambda} \right)$$

这两列波的合成波就是驻波(图18-1中的实线波形)。利用三角函数关系叠加后,得到驻波的表达式为:

$$y = y_1 + y_2 = A \cos 2\pi \left(\frac{t}{T} - \frac{x}{\lambda} \right) + A \cos 2\pi \left(\frac{t}{T} + \frac{x}{\lambda} \right) = 2A \cos \frac{2\pi x}{\lambda} \cos 2\pi \frac{t}{T} \qquad (18-1)$$

式中 $2A \cos \dfrac{2\pi x}{\lambda}$ 与时间无关,取绝对值就是振幅,随位置不同做余弦变化。式中 $\cos 2\pi \dfrac{t}{T}$ 是时间的余弦函数,说明各点都在做简谐运动。

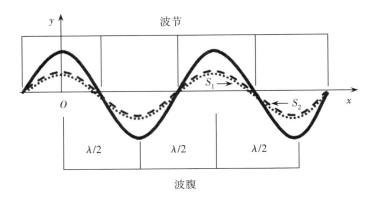

图18-1 驻波的形成

当 $\left| \cos \dfrac{2\pi x}{\lambda} \right| = 0$ 时, $\dfrac{2\pi x}{\lambda} = \pm(2k+1)\dfrac{\pi}{2}(k=0,1,2,\cdots)$,简谐运动的振幅为零。驻波中振幅为零的点称为波节,故波节的位置为 $x = \pm(2k+1)\dfrac{\lambda}{4}$。 当 $\left| \cos \dfrac{2\pi x}{\lambda} \right| = 1$ 时, $\dfrac{2\pi x}{\lambda} = \pm 2k \dfrac{\pi}{2}(k=0,1,2,\cdots)$,振幅达到最大。驻波中振幅最大的位置称为波腹,故波腹的位置为 $x = \pm k \dfrac{\lambda}{2}$。因此,相邻两波腹的距离和相邻两波节的距离皆为 $x_{k+1} - x_k = \dfrac{\lambda}{2}$。只要测得相邻波腹或波节之间的距离,就可求得该声波的波长。

2. 测量方法

图18-2是测量声速的实验装置,包括信号发生器、声速测量仪和示波器。声速测量仪由底座、发射换能器A、接收换能器B、标尺和手轮组成。信号发生器产生的交流电信号输送到A,A将其转变为机械振动。A作为波源发射出一定频率的平面声波(入射波),经空气(或水)传播到达B,在B上垂直反射形成反射波,入射波和反射波沿同一直线相向传播,干涉形成驻波。接收换能器B与示波器相连接,驻波在B处的振动经B转换成电信号后,在示波器屏幕上显示出来。当A与B之间的距离L等于半波长整数倍时,空气(或水)中形

成稳定的驻波共振现象,此时驻波幅度达到极大值,示波器显示的振动信号的振幅也相应达到极大值。如保持 A 静止,通过旋转手轮移动 B 的位置,驻波相邻两次达到共振状态,即示波器上显示的振动信号的振幅相邻两次达到极大值,则 B 移动的距离为 $\dfrac{\lambda}{2}$。B 的位置由标尺读出,由此可求得驻波波长 λ,然后从信号发生器上读出信号的频率 f,即可计算出声速 $v = \lambda f$。值得一提的是,A 发射的平面波是发散的,距 A 越远,单位面积上接收到的声波能量就越小。当 B 向右移动,A 和 B 间距变大,B 接收到的声波能量逐渐减少,振动信号振幅的极大值将不断变小。

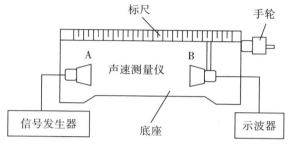

图18-2 测声速实验装置示意图

五、实验步骤

(1)按图18-2将信号发生器、声速测量仪和示波器进行接线,检查无误后,接通电源。

(2)将信号发生器的"波形选择"置于"正弦波",输出频率设为 37 kHz,输出电压峰峰值调到某一合适的值(比如 5 V),此后不再调节电压幅度的大小。

(3)通过手轮调节接收换能器 B 的位置,使发射换能器 A 与接收换能器 B 之间距离约 1 cm。调节示波器,在屏幕上显示出振动图形(正弦信号)。

(4)在 37 kHz 的基础上调节信号输出频率,并适当调节 B 的位置,使示波器上正弦信号的振幅达到极大值。记下此时信号发生器的频率 f 和 B 的位置 L_1。

(5)保持信号发生器频率不变,旋转手轮移动接收换能器 B,使其逐渐远离发射换能器 A,当示波器上正弦信号的振幅再次达到极大值时,记下 B 的位置 L_2。

(6)重复步骤(5),使接收换能器 B 不断远离发射换能器 A,连续测量 10 个正弦信号振幅极大值时 B 的位置数据。

(7)利用逐差法处理数据,求得波长 λ,通过 $v = \lambda f$ 计算声速。

(8)在水槽中倒入适量的水,浸没两个换能器,重复以上步骤,测量并计算声波在水中的传播速度。

六、实验数据与结果

1. 空气中声速的测量

信号发生器输出频率 $f =$ _____ kHz。

表 18-1　空气中声速的测量

接收换能器距发射换能器的距离（mm）	L_1	L_2	L_3	L_4	L_5	L_6	L_7	L_8	L_9	L_{10}
逐差数据(mm)	L_6-L_1		L_7-L_2		L_8-L_3		L_9-L_4		$L_{10}-L_5$	

$$\bar{\lambda} = \frac{2}{25}\Big[\big(L_6-L_1\big)+\big(L_7-L_2\big)+\big(L_8-L_3\big)+\big(L_9-L_4\big)+\big(L_{10}-L_5\big)\Big]=\underline{\qquad}\text{mm},$$

$$v = \bar{\lambda}f = \underline{\qquad}\text{m/s}。$$

2. 声波在水中的传播速度

自拟表格,连续记录声波在水中传播时接收换能器B处振幅达到极大值时的10个位置数据,求出声波在水中的传播速度。

七、注意事项

(1)移动接收换能器的时候,应该缓慢地同方向旋转手轮,以免空程误差。

(2)测量水中的声速时,水槽中的水要足够多,要能淹没两个换能器。

八、思考与讨论

(1)如何调节和判断共振状态?

(2)为什么换能器的发射面和接收面要保持平行?

(3)由近到远移动接收换能器时,示波器上显示的振动信号振幅的极大值在不断变小,请解释其原因。

实验19 *RC*和*RL*串联电路稳态特性研究

电容、电感元件在交流电路中的阻抗是随着电源频率的改变而变化的。将正弦交流电压加到电阻、电容和电感组成的电路中时,各元件上的电压及相位会随着变化,这称作电路的稳态特性。

一、实验目的

(1)观测*RC*和*RLC*串联电路的幅频特性和相频特性。
(2)观察*RC*低通电路的滤波作用。
(3)学习使用双踪示波器,掌握相位差的测量方法。

二、预习要点

(1)电阻的阻抗、电容的容抗和电感的感抗的概念和特性。
(2)*RC*串联电路和*RL*串联电路的稳态特性。

三、实验仪器

DH4503型*RLC*电路实验仪、双踪示波器。

四、实验原理

任何一个正弦交流量都可以用三个参数,即振幅、周期、相位来描述。例如:

交流电动势:$e(t) = E\cos(\omega t + \varphi)$

交流电压:$u(t) = U\cos(\omega t + \varphi)$

交流电流:$i(t) = I\cos(\omega t + \varphi)$

对于电阻元件,电阻上的电压与电流同位相,其阻抗值就等于电阻值($Z=R$)。

对于电容元件,容抗与频率和电容容量成反比($Z=1/\omega C$),频率越高、电容的容量越大,那么容抗越小。在电容上,电压相位落后电流相位90°,即如果电容上的交流电压为

$u(t) = U\cos(\omega t + \varphi)$，那么其上的交流电流则为 $i(t) = I\cos(\omega t + \varphi + 90°)$。在 RC 串联电路中，电阻 R 的阻值和输入信号电压的幅值如果不变，当频率 $f = \dfrac{\omega}{2\pi}$ 越高、电容 C 的容量越大，那么容抗越小，电容上交流电压的幅值就越小。电容具有"隔直通交"(直流相当于断路，交流频率越高阻抗越小)的特性。

对于电感元件，感抗与频率和电感感量成正比($Z = \omega L$)，频率越高、电感的感量越大，那么感抗越大。在电感上，电压相位超前电流相位 90°，即如果电感上的交流电流为 $i(t) = I\cos(\omega t + \varphi)$，那么交流电压为 $u(t) = U\cos(\omega t + \varphi + 90°)$。在 RL 串联电路中，电阻 R 的阻值和输入信号电压的幅值如果不变，当频率 f 越小、电感 L 的感量越小，那么感抗越小，电感上交流电压的幅值就越小。电感具有"隔交通直"(直流相当于短路，交流频率越高阻抗越大)的特性。

正是由于电感和电容对交流信号的响应延迟，以及对频率响应所产生的阻抗的变化，才产生了相应的相频和幅频特性。

当把正弦交流电压 U_i 输入到 RC(RL、RLC)串联电路中时，电容或电阻两端的输出电压 U_0 的幅度及相位将随输入电压 U_i 的频率而变化。这种回路中的电流和电压与输入信号频率间的关系，称为幅频特性；回路电流和各元件上的电压与输入信号间的相位差与频率的关系，称为相频特性。

1. RC 串联电路的稳态特性

在图 19-1 所示电路中，电阻 R、电容 C 的电压有以下关系式：

$$U_R = IR$$

$$I = \dfrac{U}{\sqrt{R^2 + \left(\dfrac{1}{\omega C}\right)^2}}$$

$$U_C = \dfrac{I}{\omega C}$$

$$\varphi = -\arctan\dfrac{1}{\omega CR}$$

其中 ω 为交流电源的角频率，U 为交流电源的电压有效值，φ 为电流和电源电压的相位差，它与角频率 ω 的关系见图 19-2。

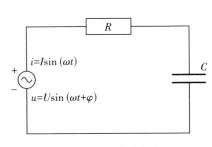

图 19-1　RC 串联电路

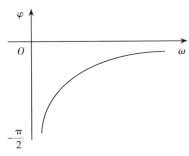

图 19-2　RC 串联电路的相频特性

可见当 ω 增加时，I 和 U_R 增加，而 U_C 减小。当 ω 很小时，$\varphi \to -\dfrac{\pi}{2}$，$\omega$ 很大时，$\varphi \to 0$。

2. RL 串联电路的稳态特性

RL 串联电路如图 19-3 所示，可见电路中 I、U、U_R 和 U_L 有以下关系：

$$I = \frac{U}{\sqrt{R^2 + (\omega L)^2}}$$

$$U_R = IR$$

$$U_L = I\omega L$$

$$\varphi = \arctan \frac{\omega L}{R}$$

可见 RL 电路的幅频特性与 RC 电路相反，ω 增加时，I、U 和 U_R 减小，而 U_L 增大，它的相频特性如图 19-4 所示，由图可知，当 ω 很小时，$\varphi \to 0$，当 ω 很大时，$\varphi \to \dfrac{\pi}{2}$。

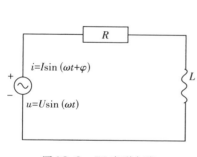

图 19-3　RL 串联电路

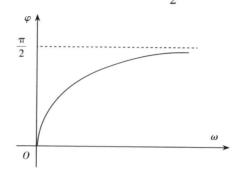

图 19-4　RL 串联电路相频特性

五、实验步骤

1. RC 串联电路的稳态特性

打开 RLC 实验箱，仔细观察面板上的各部分单元及其用途。将信号输出部分的幅值调节旋钮逆时针旋到底，使输出电压最小；将电阻调至较大值，防止短路；信号挡置于"1 kHz~10 kHz"正弦信号挡。连接电路，电阻 R 取 1 000 Ω，电容 C 取 0.1 μF，信号发生器输出频率固定（如 f=1 kHz）的交流信号作为 RC 电路的输入信号，将此输入信号电压（U）和电容器上的输出信号电压（U_C），分别接到双踪示波器的 Y1、Y2 输入端。在示波器上读出 U_C 的值。由低到高调节输出频率。

（1）幅频特性。

选择正弦波信号，保持其输出幅度不变，分别用示波器测量不同频率时的 U_R、U_C，可取 C=0.1 μF，R=1 kΩ。

用双通道示波器观测时可用一个通道监测信号源电压，另一个通道分别测 U_R、U_C，但需注意两通道的接地点应位于线路的同一点，否则会引起部分电路短路。

(2)相频特性(选做)。

将信号源电压 U 和 U_R 分别接至示波器的两个通道,可取 $C=0.1~\mu F$,$R=1~k\Omega$(也可自选),从低到高调节信号源频率,观察示波器上两个波形的相位变化情况。

2. RL 串联电路的稳态特性

(1)测量 RL 串联电路的幅频特性和相频特性与 RC 串联电路时方法类似,可选 $L=10~mH$,$R=1~k\Omega$,也可自行确定。

(2)根据测量结果作 RL 串联电路的幅频特性和相频特性图。

六、实验数据与结果

表 19-1　RC 串联电路幅频特性

频率 f/Hz	U_i	U_C	U_R	相位差 φ

表 19-2　RL 串联电路幅频特性

频率 f/Hz	U_i	U_L	U_R	相位差 φ

根据 RC、RL 电路幅频特性数据描绘幅频特性曲线。

七、注意事项

（1）信号源的内部阻抗是不能忽略的，实验中调节频率会改变负载的大小，信号源的输出电压会发生变化，因此，每改变一次频率，都要调节一下输出电压，使其保持一致。

（2）信号源的电压示值可能不准，调节输出电压时建议连接电压表。

（3）谐振时，电容和电感上的电压可能会很大，要特别小心，不能触碰，以免触电。

八、思考与讨论

（1）在交流电路中，电阻值和频率无关，RLC 串联电路的电流与电阻电压是同相位。电容和电感分别具有怎样的特性？

（2）测量相频特性时是否需要保持电源输出电压不变？

（3）怎样测量 RC 串联电路 U 和 I 的相频特性？

实验20　电子束的偏转

示波器中用来显示电信号波形的示波管和电视机里显示图像的显像管都属于电子束管,尽管它们的型号和结构不完全相同,但都有产生电子束和加速电子的系统,电子束打在荧光屏上形成图像。为了使图像更加清晰,还需要聚焦、偏转和强度控制等系统来对电子束进行控制。早期的电子束管没有聚焦功能,使用电子束管外产生的纵向磁场实现聚焦。本实验仅讨论电子束的偏转特性及其测量方法。

一、实验目的

(1)研究带电粒子在电场和磁场中偏转的规律。
(2)了解电子束管的结构和原理。

二、预习要点

(1)示波管的结构和电子在电场、磁场中偏转的物理原理。
(2)电子束测试仪面板上各旋钮的功能。

三、实验仪器

电子束测试仪。

四、实验原理

电子束示波管内的结构如图20-1所示,F为示波管灯丝引出端,K为阴极,G为栅极,也称调制极。A_1、A_2和A_3分别为第一、第二和第三阳极。X_1X_2和Y_1Y_2分别为x方向与y方向偏转板。改变栅极电压可改变光点亮度,阳极电压用于光点聚焦。

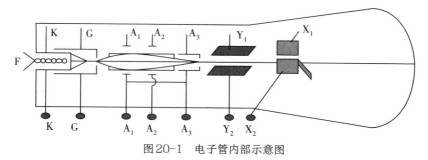

图 20-1 电子管内部示意图

以杭州大华 DH4521 电子束测试仪为例,偏转距离可根据荧光屏前有机玻璃板上的刻度读出,阳极电压和偏转电压可在仪器上直接读出。

1. 亮度调节和调零

(1)亮度调节。

打开电子束测试仪电源开关,调节亮度旋钮,使屏幕上的光点清晰明亮,调节调焦旋钮使光点聚焦。注意亮度不可过亮,以防烧坏屏幕。

(2)调零。

在控制板中选择 x 方向偏转或 y 方向偏转,并调节相应调零旋钮,使光点位于屏幕中央零刻度线处。

2. 电子束在电场中的偏转

假定由阴极发射出的电子其平均初速近似为零,在阳极电压作用下,沿 x 方向做加速运动,则其最后速度 v_x 可根据功能原理求出来,即 $eU_A = \dfrac{1}{2}mv_x^2$,整理后得:

$$v_x^2 = \frac{2eU_A}{m} \tag{20-1}$$

式中 U_A 为加速阳极相对于阴极的电势,$\dfrac{e}{m}$ 为电子的电荷与质量之比(简称比荷,又称荷质比)。如果在垂直于 z 轴的 y 方向上设置一个匀强电场,那么以速度 v_x 飞行的电子将在 y 方向上发生偏转,如图 20-2 所示。若偏转电场由一个平行板电容器构成,板间距离为 D,极间电势差为 U,则电子在电容器中所受到的偏转力为:

$$F_y = eE = \frac{eU}{D} \tag{20-2}$$

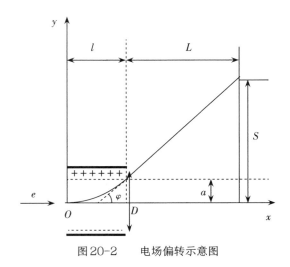

图20-2　电场偏转示意图

根据牛顿定律：

$$F_y = m\ddot{y} = \frac{eU}{D}$$

因此：

$$\ddot{y} = \frac{e}{m}\frac{U}{D} \qquad\qquad (20-3)$$

即电子在电容器的 y 方向上做匀加速运动，而在 x 方向上做匀速运动，电子横越电容器的时间为：

$$t = \frac{l}{v_x} \qquad\qquad (20-4)$$

当电子飞出电容器后，由于受到的合外力近似为零，于是电子几乎做匀速直线运动，一直打到荧光屏上。整理以上各式可得到电子偏离 z 轴的距离：

$$S = K_E \frac{U}{U_A} \qquad\qquad (20-5)$$

式中 $K_E = \dfrac{Ll}{2D}\left(1 + \dfrac{l}{2L}\right)$ 是一个与偏转系统的几何尺寸有关的常量。所以电场偏转的特点是：电子束线偏离 x 轴（荧光屏中心）的距离与偏转板两端的电压成正比，与加速极的加速电压成反比。

3. 电子束在磁场中的偏转

如果在垂直于 x 轴的 z 方向上设置一个由亥姆霍兹线圈所产生的恒定均匀磁场，那么以速度 v_x 飞越的电子在 y 方向上也将发生偏转。如图20-3所示，假定使电子偏转的磁场在 l 范围内均匀分布，则电子受到的洛伦兹力大小不变，方向与速度垂直，因而电子做匀速圆周运动，洛伦兹力就是向心力，所以电子旋转的半径：

$$R = \frac{mv_x}{eB} \qquad\qquad (20-6)$$

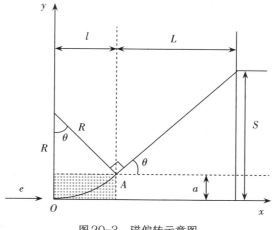

图20-3 磁偏转示意图

当电子飞到A点时将沿着切线方向飞出,直射荧光屏,由于磁场由亥姆霍兹线圈产生,因此磁场强度:

$$B = kI \qquad (20\text{-}7)$$

式中k是与线圈半径等有关的常量,I为通过线圈的电流值。将式(20-1)、(20-7)代入式(20-6),再根据图20-3的几何关系加以整理和化简,可得到电子偏离z轴的距离:

$$S = K_M \frac{I}{\sqrt{U_A}} \qquad (20\text{-}8)$$

式中$K_M = \dfrac{Llk}{\sqrt{2}}\left(1 + \dfrac{l}{2L}\right)\sqrt{\dfrac{e}{m}}$也是一个与偏转系统几何尺寸有关的常量。所以磁场偏转的特点是:电子束的偏转距离与加速电压的平方根成反比,与偏转电流成正比。

五、实验步骤

1. 研究和验证示电子束在电场中偏转的规律

(1)检验加速电压不变时,偏转距离与偏转电压是否成正比。

(2)检验偏转电压不变时,偏转距离与加速电压是否成反比。

(3)在仪器容许的范围内取4~5个不同的加速电压U_A,对每一个不同的加速电压,测量偏转为-5,-4,-3,-2,-1,0,1,2,3,4,5格时的偏转电压。

2. 研究和验证电子束管中磁场偏转的规律

(1)检验加速电压不变时,偏转距离与偏转电流是否成正比。

(2)检验偏转电流不变时,偏转距离与加速电压的平方根是否成反比。

(3)将实验仪控制板上磁偏转电流输出与示波管磁偏转电流输入用导线连接。

(4)调节亮度并调零。

(5)选取4~5个不同的加速电压U_A,对每一个不同的加速电压,测量偏转为-5,-4,-3,-2,-1,0,1,2,3,4,5格时的磁偏转电流。

六、实验数据与结果

1. 电子束在电场中的偏转

表20-1　U_A=800 V时偏转电压

N(格)	-5	-4	-3	-2	-1	0	1	2	3	4	5
U_y(V)											
$S = N/U_y$ (格/V)											

表20-2　U_A=900 V时偏转电压

N(格)	-5	-4	-3	-2	-1	0	1	2	3	4	5
U_y(V)											
$S = N/U_y$ (格/V)											

表20-3　U_A=1 000 V时偏转电压

N(格)	-5	-4	-3	-2	-1	0	1	2	3	4	5
U_y(V)											
$S = N/U_y$ (格/V)											

　　为了检验加速电压不变时,偏转距离与偏转电压是否成正比,取偏转距离S为横坐标,偏转电压U_y为纵坐标作图线,如果对每一个加速电压U_A均为直线,则可认为加速电压不变时,偏转距离与偏转电压成正比。

　　为了检验偏转电压不变时,偏转距离与加速电压是否成反比,在纵坐标上以一偏转电压作一条水平线,与S-U_y图线相交于P_1、P_2、P_3、P_4等点,测量各点所对应的偏转格数N_1、N_2、N_3、N_4,如果其对应的加速电压与偏转格数的乘积为定值,就验证了反比关系。

2. 电子束管中磁场偏转的规律

表20-4　U_A=800 V时偏转电流

D(格)	1	2	3	4	5	6	7
I_D(A)							

表20-5　U_A=900 V时偏转电流

D(格)	1	2	3	4	5	6	7
I_D(A)							

表20-6　U_A=1 000 V时偏转电流

D(格)	1	2	3	4	5	6	7
I_D(A)							

在坐标纸上画出不同加速电压下的I_D–D关系曲线,验证偏转距离D与偏转电流I_D是否成正比,并算出磁偏转灵敏度$S=D/I_D$。

根据I_D–D曲线,证明$D_1'\sqrt{U_{A1}}=D_2'\sqrt{U_{A2}}=D_3'\sqrt{U_{A3}}=$ 常数。

七、注意事项

(1)旋转电子束面板上各旋钮时,不能用力过猛,以免损坏仪器。

(2)电子束测试仪荧光屏上的亮点不应长时间停留在某一点,以保护荧光屏。可适当降低亮点的亮度。

(3)实验结束后,励磁电流旋钮应置零。

八、思考与讨论

(1)电子束偏转的方法有几种? 它们的规律是怎样的?

(2)能否用一只圆电流线圈作为偏转线圈使电子束随电流做线性偏转? 欲使电子束能达到荧光屏上任意一点,需要几对偏转线圈? 怎样安放?

(3)怎样用电子束管检查周围空间是否有磁场?

实验21　霍尔效应的研究

霍尔效应(Hall effect)是1879年由霍尔发现的。当通电导体位于磁场中时,若电流方向x与磁感应强度方向y垂直,则导体在与xy平面垂直的z方向上会产生一个与磁感应强度大小有关的电压。利用霍尔效应可以区分P型和N型半导体,目前一般用半导体材料制成霍尔元件,利用它测量磁感应强度时,干扰小,灵敏度高,效果明显。霍尔元件被广泛用于非电量的测量、电动控制、电磁测量和计算装置等方面。

一、实验目的

(1)观察霍尔效应现象,了解霍尔效应产生的机理。
(2)学会用霍尔元件测量螺线管磁场,并描绘出螺线管的磁场分布情况。
(3)探究螺线管磁感应强度与电流的关系。

二、预习要点

(1)霍尔效应。
(2)励磁电流和霍尔电流的大小。
(3)测试仪和实验仪的连接。

三、实验仪器

电磁铁极间磁场强度综合实验仪(含霍尔元件探头、测量位置的卡尺装置、通电螺线管、可调节的直流电源、换向开关、直流毫安表、直流毫伏表)。

四、实验原理

图21-1为霍尔电压产生的原理。中间的长方体为霍尔元件,厚度为d,宽度为b,A_1、A_2的引脚间距也为b。给霍尔元件通上从右往左的电流I,当磁感应强度B大于0时,若载流子为正电荷,则会受到洛伦兹力并移动到A_1引脚所在的一面,而A_2引脚所在的一面会留下

负电荷,两面之间会出现电场E_H。在A_1、A_2间接上电压表,可以测量出一个电压,这就是霍尔电压U_H。那么U_H的大小与哪些参数有关呢?

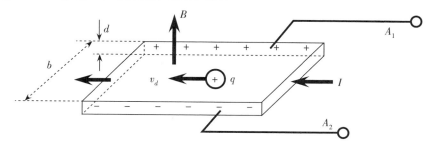

图21-1 霍尔电压产生的原理

当电场力与洛伦兹力大小相等时,运动的电荷q不会再往A_1引脚所在的一面移动。此时可得到公式:

$$qE_H = qv_dB \qquad (21-1)$$

v_d与载流子浓度n、单位电荷e、元件横截面积bd、电流I有关,公式如下:

$$I = nev_dbd \qquad (21-2)$$

E_H与霍尔电压U_H、引脚A_1和A_2的间距b有关,

$$U_H = E_Hb \qquad (21-3)$$

结合式(21-1)~式(21-3),可得:

$$U_H = \frac{I}{ned}B \qquad (21-4)$$

式(21-4)中,$\frac{1}{ne}$为霍尔系数R_H,单位为m^3/C;如果不需要测量霍尔元件的厚度d,可将$\frac{1}{ned}$设为系数K_H,单位为m^2/C。

如果连霍尔元件的电流I也不需要测量,可将$\frac{I}{ned}$设为系数K,单位为mV/mT。K的数值一般会贴在仪器面板上,不同的仪器数值会有所区别。式(21-4)可以改成式(21-5),测量出U_H以后,可以用式(21-5)计算磁感应强度B的大小。

$$U_H = KB \qquad (21-5)$$

如图21-2所示,霍尔电压的正负与霍尔元件的载流子有关,对于P型半导体,载流子为空穴,A_1端电势更高,对于N型半导体,载流子为电子,A_2端电势更高。

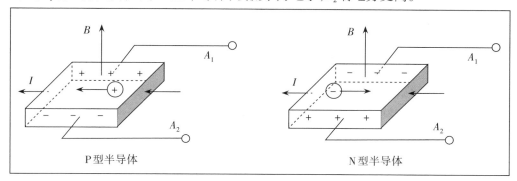

图21-2 霍尔电压可判断载流子类型

完成霍尔效应的实验还需要解决四个问题：

（1）霍尔效应产生的电压很小，需要进行放大。

（2）需要一个待测的磁场。

（3）地磁场的存在，将导致测量数据与元件的摆放方向有关。

（4）图21-1中，A_1、A_2的引脚间距不一定为b，这将导致$B=0$时也出现电压，这称为不等位效应。

针对这四个问题，本次实验的解决方案是：

（1）使用集成了电压调整器、差分放大器、射极输出器的霍尔元件。

（2）用通电螺线管提供待测的磁场。螺线管约1 800匝，电流最多0.5 A。

（3）记录通电螺线管电流为0时的霍尔电压V_0，这个电压对应地磁场的B。实验时测量到的其他所有电压都要减掉这个V_0，以消除地磁场的影响。

（4）记录通电螺线管电流为正、电流为负时的霍尔电压V_I、V_{-I}，消除地磁场的影响后取平均值，以消除不等位效应。

五、实验步骤

1. 测绘B-x分布曲线

（1）将励磁电流调节旋钮逆时针旋到最小，接好霍尔传感器插头，打开电源开关，预热5分钟后，记下霍尔集成电路静态输出电压V_0。

（2）接好励磁电流电路，使探头伸入螺线管中间位置，记下标尺读数x_1，调节励磁电流I为100 mA，记下输出电压V_I，按动电流换向开关，使励磁电流为-100 mA，记下输出电压V_{-I}，则实际霍尔电压为$u_I=V_I-V_0$，$u_{-I}=V_{-I}-V_0$。取其平均值$U_1=(|u_I|+|u_{-I}|)/2$ ，即为螺线管在x_1位置的霍尔电压。

（3）记录仪器上的K值，由$B_1=U_1/K$求出x_1位置的磁感应强度B_1。

（4）改变探头位置，记下标尺读数x_i，测出与x_i相对应的霍尔电压U_i，求出相应的B_i，绘出螺线管内的B-x分布曲线。

（5）调节探头移动装置，使探头位于螺线管外的某一位置，重复以上步骤，可绘出螺线管外的B-x分布曲线。

2. 探究螺线管磁感应强度B与励磁电流I的关系

旋转探头调节旋钮，使探头位于螺线管中间位置，将励磁电流依次取±100 mA，±200 mA，±300 mA，±400 mA，±500 mA，得出相应的B，并绘出B-I关系曲线。

六、实验数据与结果

1. B-x 分布

表21-1　B-x 分布数据记录表

$V_0=$_____mV，$K=$_____mV/mT，$I=$_____mA

x(cm)	V_I(mV)	V_{-I}(mV)	U_I(mV)	U_{-I}(mV)	U_I(mV)	B_I(mT)

2. B-I 关系

表21-2　B-I数据记录表

$V_0=$_____mV，$K=$_____mV/mT，$x=$_____cm

I(mA)	V_I(mV)	V_{-I}(mV)	U_I(mV)	U_{-I}(mV)	U_I(mV)	B_I(mT)
100						
150						
200						
250						
300						
350						
400						
450						

七、注意事项

（1）霍尔元件非常容易损坏。使用时通过霍尔元件的电流绝不允许超过厂家给定的最大允许电流。

（2）要特别注意接线头的形状，不要接错电路。禁止将测试仪的励磁电流接到实验仪的"Is 输入"上。否则一通电，霍尔元件即烧坏。

八、思考与讨论

（1）自己组装一套这样的实验装置，需要购买哪些元件？

（2）本次实验的装置并不能调节霍尔元件的电流，查找相关资料并尝试设计一个可以调节霍尔元件电流的装置。

（3）霍尔效应的实验误差除了不等位电势能产生以外，埃廷斯豪森效应（Ettingshausen effect）、能斯特效应（Nernst effect）、里吉-勒迪克效应（Righi-Leduc effect）也能产生。查找相关资料并尝试给出消除这些误差的方案。

实验22　亥姆霍兹线圈产生磁场的研究

亥姆霍兹线圈是一对彼此平行且连通的共轴圆形线圈,两线圈内的电流大小相同,方向一致。这种线圈的特点是能在其公共轴线中点附近产生较广的均匀磁场区,故在生产和科研中有较大的实用价值,也可用于弱磁场的计量。本实验采用 DH4501 系列产品。由亥姆霍兹线圈实验仪及测试架两部分组成。采用恒流源产生恒定的磁场,用霍尔效应原理测量被测磁场,可完成测量亥姆霍兹线圈的磁场分布的实验。

一、实验目的

(1)研究载流圆线圈轴线上磁场的分布,加深对毕奥–萨伐尔定律的理解。
(2)测量载流圆线圈和亥姆霍兹线圈轴线上的磁场分布。
(3)考察亥姆霍兹线圈的磁场的均匀区。

二、预习要点

(1)毕奥 – 萨伐尔定律。
(2)亥姆霍兹线圈的组成及其轴线上磁场的分布。

三、实验仪器

DH4501 型亥姆霍兹线圈磁场实验仪。

四、实验原理

1. 载流圆线圈磁场

根据毕奥 – 萨伐尔定律,一半径为 R,通过电流 I 的圆线圈,在轴线(通过圆心并与线圈平面垂直的直线)上某点的磁感应强度为:

$$B(x) = \frac{\mu_0 I R^2 N}{2\left(R^2 + x^2\right)^{3/2}} \qquad (22\text{--}1)$$

式中μ_0为真空中的磁导率,x为P点坐标,原点位于线圈中心。轴线上磁场分布如图 22-1所示:

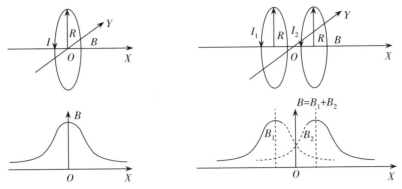

图22-1 单个线圈轴线上的磁场分布　　图22-2 亥姆霍兹线圈及其磁场分布

2. 亥姆霍兹线圈

亥姆霍兹线圈是一对彼此平行且连通的共轴圆形线圈,每一线圈N匝。两线圈内的电流方向一致,大小相同。线圈之间距离d正好等于圆形线圈的半径R。这种线圈的特点是能在其公共轴线中点附近产生较广的均匀磁场区,故在生产和科研中有较大的实用价值,也常用作弱磁场的计量标准。设x为亥姆霍兹线圈中轴线上某点离中心点O的距离,则亥姆霍兹线圈轴线上任一点的磁感应强度为:

$$B(x) = \frac{\mu_0 I R^2 N}{2\left[R^2 + \left(\dfrac{R}{2} + x\right)^2\right]^{3/2}} + \frac{\mu_0 I R^2 N}{2\left[R^2 + \left(\dfrac{R}{2} - x\right)^2\right]^{3/2}} \tag{22-2}$$

在轴线中心$x=0$处的磁感应强度为:

$$B(0) = \frac{\mu_0 IN}{R}\left(\frac{8}{5^{3/2}}\right) = 0.7155\frac{\mu_0 IN}{R} \tag{22-3}$$

计算表明,当$|x| < \dfrac{R}{10}$时,$B(x)$和$B(0)$间相对差别约万分之一,因此亥姆霍兹线圈能产生比较均匀的磁场。在生产和科研中,若所需磁场不太强时,常用这种方法来产生较均匀的磁场

3. 测量磁场的方法

磁感应强度是一个矢量,因此磁场的测量不仅要测量磁场的大小,还要测出它的方向。测定磁场的方法很多,本实验采用感应法测量磁感应强度的大小和方向。感应法是利用探测线圈(图22-3)中磁通量变化所感应的电动势大小来测量磁场。

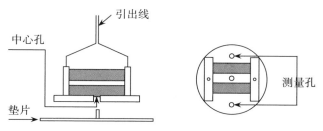

图22-3 探测线圈结构示意图

当圆线圈中通入正弦交流电后,在它周围空间产生一个按正弦变化的磁场,大小为 $B = B_{\mathrm{m}}\sin(\omega t)$,在线圈轴线上的 x 点处,B 的峰值

$$B_{\mathrm{m}x} = \frac{B_{\mathrm{m}0}}{\left[1 + \left(\dfrac{x}{R}\right)^2\right]^{3/2}} \tag{22-4}$$

其中 $B_{\mathrm{m}0}$ 为 $x=0$ 处的 B 的峰值。

当把一个匝数为 n,面积为 S 的探测线圈放到 x 处,设此线圈平面的法线与磁场方向的夹角为 θ,则通过它的磁通量为:

$$\varPhi = nSB\cos\theta = nSB_{\mathrm{m}}\cos\theta\sin(\omega t) \tag{22-5}$$

此线圈产生的感应电动势为:

$$\varepsilon = -\frac{\mathrm{d}\varPhi}{\mathrm{d}t} = -nSB_{\mathrm{m}}\omega\cos\theta\cos(\omega t) = -\varepsilon_{\mathrm{m}}\cos(\omega t) \tag{22-6}$$

其中 $\varepsilon_{\mathrm{m}} = nSB_{\mathrm{m}}\omega\cos\theta$ 是感应电动势的峰值,由于探测线圈输出端与毫伏表相连接,毫伏表的电压用有效值表示,因此毫伏表测得的探测线圈电压为:

$$V = \frac{\varepsilon_{\mathrm{m}}}{\sqrt{2}} = \frac{nSB_{\mathrm{m}}\omega}{\sqrt{2}}\cos\theta \tag{22-7}$$

毫伏表所测出的电压随着 θ 的变化而改变,当 $\theta = 0°$ 时,探测线圈平面的法线与磁场 B 的方向一致,线圈中的感应电动势达到最大值:

$$V_{\max} = \frac{nSB_{\mathrm{m}}\omega}{\sqrt{2}} \tag{22-8}$$

由于 n、S 与 ω 均是常数,所以 $V_{\max}$ 与 B_{m} 成正比,从而可以用毫伏表读数的最大值来测定磁场的大小。

实验中为减小误差,常采用比较法。采用在圆电流轴线上任一点 x 处测得电压值 $V_{\max}$ 与圆心处 $V_{0\max}$ 值之比:

$$\frac{V_{\max}}{V_{0\max}} = \frac{B_{\mathrm{m}x}}{B_{\mathrm{m}}} = \left[1 + \left(\frac{x}{R}\right)^2\right]^{-3/2} \tag{22-9}$$

磁场的方向如何来确定呢? 磁场的方向本来可用探测线圈输出端毫伏表读数最大时探测线圈平面的法线方向来确定,但是用这种方法测定的磁场方向误差较大,原因在于这时磁通量 $\varPhi$ 变化率小,所产生感应电动势引起毫伏表的读数变化不易察觉。如果这时把探测线圈平面旋转90°,磁场方向与线圈平面法线垂直,那么磁通量变化率最大。线圈方向稍有变化,就能引起毫伏表的读数明显变化,从而使测量误差较小。因此,实验时是以毫伏表读数最小时来确定磁场的方向。

五、实验步骤

(1)测量载流圆线圈轴向磁场的分布。

按照图22-4把磁场实验仪的两个圆电流线圈的其中一个(左侧或右侧均可)连接到励磁电流上(注意极性不要接反),接到磁场测试仪的输出端。调节磁场测试仪的输出功率,使励磁电流值为 $I = 60 \text{ mA}$。

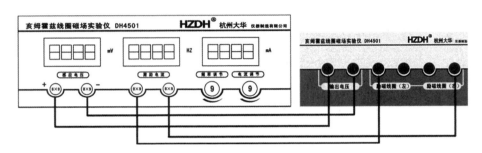

图22-4　实验连线示意图

将探测线圈中心孔置于载流圆线圈中心点上,水平缓慢转动探测线圈,使其保持在毫伏表读数最大位置,记下感应电压的最大值,记为 $V_{0\max}$ 值。以连接励磁电流的线圈中心为坐标原点,每隔10 mm测一个 $V_{\max}$ 值,把测试数据填到表22-1中。

根据表22-1数据,以 x 为横坐标,$\dfrac{V_{\max}}{V_{0\max}}$ 为纵坐标作圆电流沿轴线的磁场分布曲线。

(2)描绘亥姆霍兹线圈中的磁场分布。

按照图22-4把磁场实验仪的两个圆电流线圈按串联连接起来(注意极性不要接反),接到磁场测试仪的输出端。调节磁场测试仪的输出功率,使励磁电流值为 $I = 60 \text{ mA}$。将探测线圈中心孔置于两线圈中点处,记下感应电压的最大值,记为 $V_{0\max}$ 值。以两个圆线圈中心连线上的中点为坐标原点,每隔10 mm测一个 $V_{\max}$ 值,把测试数据填到表22-2中。

根据表22-2数据,以 x 为横坐标,$\dfrac{V_{\max}}{V_{0\max}}$ 为纵坐标作亥姆霍兹线圈沿轴线的磁场分布曲线,并找出其中的均匀磁场区域。

六、实验数据与结果

表22-1 载流圆线圈轴向上磁场分布

f=120 Hz I=60 mA

径向距离 x(mm)	V_{max}(mV)	$\dfrac{B_{mx}}{B_m} = \dfrac{V_{max}}{V_{0\,max}}$	$\dfrac{B_x}{B_0}_{理论} = \left[1 + \left(\dfrac{x}{R}\right)^2\right]^{-3/2}$	相对误差
100				
90				
80				
70				
60				
50				
40				
30				
20				
10				
0				
−10				
−20				
−30				
−40				
−50				
−60				
−70				
−80				
−90				
−100				

表22-2　亥姆霍兹线圈中的磁场分布

f=120 Hz　I=60 mA

径向距离 x(mm)	V_{max}(mV)	$\dfrac{B_{mx}}{B_m} = \dfrac{V_{max}}{V_{0max}}$	$\dfrac{B_x}{B_0}_{理论} = \left[1 + \left(\dfrac{x}{R}\right)^2\right]^{-3/2}$	相对误差
100				
90				
80				
70				
60				
50				
40				
30				
20				
10				
0				
−10				
−20				
−30				
−40				
−50				
−60				
−70				
−80				
−90				
−100				

七、注意事项

（1）开机预热一段时间（10分钟）后方可进行实验。

（2）更换测量位置时，应切断励磁线圈的电流，将感应电动势调零。此后再通电测量时，可以抵消地磁场的影响或其他的不稳定因素。

八、思考与讨论

（1）怎样利用探测线圈测量磁场的大小和方向？

（2）如何描绘磁感线？

（3）圆电流的磁场分布规律是什么？如何验证毕奥-萨伐尔定律的正确性？

实验23　迈克尔逊干涉仪的调节和使用

迈克尔逊干涉仪的最著名应用是它在迈克尔逊–莫雷实验中对以太风观测中所得到的零结果,这朵十九世纪末经典物理学天空中的乌云为狭义相对论的基本假设提供了实验依据。除此之外,由于激光干涉仪能够非常精确地测量干涉中的光程差,在当今的引力波探测中迈克尔逊干涉仪以及其他种类的干涉仪都得到了相当广泛的应用。

一、实验目的

(1)了解迈克尔逊干涉仪的结构和原理,掌握其调节方法。
(2)学会用迈克尔逊干涉仪测光波长。

二、预习要点

(1)迈克尔逊干涉仪的结构和迈克尔逊干涉的原理。
(2)迈克尔逊干涉仪的调节。
(3)等倾干涉。

三、实验仪器

迈克尔逊干涉仪、He – Ne激光器。

四、实验原理

迈克尔逊干涉仪的光路和结构如图23-1所示。

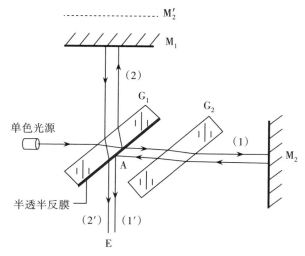

图23-1　迈克尔逊干涉仪的光路图①

M_1、M_2是一对精密磨光的平面反射镜，M_1的位置是固定的，M_2可沿导轨前后移动。G_1和G_2是厚度和折射率都完全相同的一对平行玻璃板，与M_1、M_2均呈45°角。G_1的一个表面镀有半反射膜A，使射到其上的光线分为光强度差不多相等的反射光和透射光，因此A称为半透半反膜，G_1称为分光板。

当光照到G_1上时，在半透半反膜上分成相互垂直的两束光，透射光(1)射到M_2，经M_2反射后，透过G_2，在G_1的半透半反膜上反射后射向E；反射光(2)射到M_1，经M_1反射后，透过G_1射向E。由于光线(2)前后共通过G_1三次，而光线(1)只通过G_1一次，因为有了G_2（补偿作用），它们在玻璃中的光程便相等了，于是计算这两束光的光程差时，只需计算两束光在空气中的光程差就可以了，所以G_2称为补偿板。当观察者从E处向G_1看去时，除直接看M_1外，还看到M_2的像M_2'。于是(1)、(2)两束光如同从M_1与M_2'反射来的，因此迈克尔逊干涉仪中所产生的干涉相当于M_2'~M_1间"形成"的空气薄膜的干涉效果。

单色光波长的测量：当M_2垂直M_1，即M_2'平行于M_1时，若光以同一倾角θ入射在M_2'和M_1上，反射后形成两束相互平行的相干光，其光程差为：

$$\delta = 2d\cos\theta \tag{23-1}$$

d固定时，可看出倾角θ相同方向上两束相干光光程差δ均相等。具有相等θ的各方向光束形成一圆锥面，因此在无穷远处形成的等倾干涉条纹呈圆环形，这时眼睛对无穷远调焦就可以看到一系列同心圆。θ越小，干涉圆环直径越小，它的级次k越高。圆心处$\theta=0$，$\cos\theta$值最大，这时有：

$$\delta = 2d = k\lambda \tag{23-2}$$

所以圆心处级次最高。

当使d增加时，圆心的干涉级次越来越高，就看到圆环一个一个从中心冒出来；反之，就看到圆环一个一个从中心缩进去。每当d增加或减少时，就会看到冒出或缩进圆环。

---

① 为了说明光线入射反射路径，图中放大了入射点与出射点之间的间距。

因此,若测出移动的距离 d ,记录冒出(或缩进)的圆环数 N,就可以求出波长为:

$$\lambda = \frac{2\Delta d}{N} \qquad (23-3)$$

五、实验步骤

1. 将迈克尔逊干涉仪调整为待测状态

(1)调节参考镜 M_1 和移动镜 M_2 后面的三个调节螺丝,将屏上观察到的两排亮点一一对应重合(其中各一个最亮点要重合),使屏上能观察到等倾干涉条纹。

(2)调节粗动手轮和参考镜 M_1 下的两个微调螺丝,使干涉条纹疏密适中,并处于屏的中央位置,并且使移动镜 M_2、分光板、补偿板的几何中心和等倾干涉条纹的中心基本在一条直线上。

(3)干涉仪调节零点,避免空程。

2. 定量测量激光波长

旋动微动手轮,每 m =50个条纹变化(冒出或缩进)采集(读取)一次数据,记录数据于表23-1中。(记录数据时注意标尺和测微鼓轮读数匹配)

3. 计算

用逐差法处理数据,求出平均值及标准差,得出实验结果。

六、实验数据与结果

表23-1　激光波长测量数据

移动镜 M_2 的位置	d_1	d_2	d_3	d_4	d_5
	d_6	d_7	d_8	d_9	d_{10}
$\Delta d_i = d_{i+5} - d_i$					

用逐差法处理数据:

$$\overline{\Delta d} = \frac{\left(d_6 - d_1\right) + \left(d_7 - d_2\right) + \left(d_8 - d_3\right) + \left(d_9 - d_4\right) + \left(d_{10} - d_5\right)}{25}$$

$$\bar{\lambda} = \frac{2\,\overline{\Delta d}}{m} \qquad m = 50$$

七、注意事项

（1）要保持各光学镜面清洁，切勿用手触摸。

（2）旋转各旋钮和螺丝时，应缓慢轻柔，不可强旋硬扳。

（3）旋转微调鼓轮时始终朝同一个方向旋转，以免引入空程误差。

八、思考与讨论

（1）在等倾干涉中观察到干涉条纹的条件是什么？

（2）在移动 M_1 的过程当中，如何判断 d 是在增大还是减小？

（3）在等厚干涉中如何观察到干涉条纹？在观察的过程当中应考虑什么问题？

（4）扩束激光和非扩束激光产生的干涉条纹有什么区别？

实验24 分光计的调整和三棱镜顶角的测量

分光计是精确测量光线偏转角的仪器,也称测角仪。光学中的许多基本量如波长、折射率等都可以直接或间接地用光线的偏转角来表示,因而这些量都可以用分光计来测量。而且其他一些光学仪器(如摄谱仪、单色仪等),它们的结构和调节方法都与分光计相似,因此学会使用分光计非常有必要。

一、实验目的

(1)了解分光计的原理和构造,学会调节分光计。
(2)用分光计测量三棱镜的顶角。

二、预习要点

(1)分光计的结构和工作原理。
(2)分光计的粗调方法。
(3)测量三棱镜顶角的两种方法。

三、实验仪器

分光计、汞灯、三棱镜、光学平板。

四、实验原理

1. 分光计的结构

分光计外形如图24-1所示,主要由底座、平行光管、望远镜、载物台和读数圆盘等五部分组成。

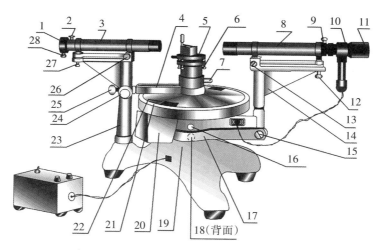

1.狭缝；2.狭缝锁紧螺钉；3.平行光管；4.制动架；5.载物台；6.载物台调平螺钉(3只)；7.载物台锁紧螺钉；8.望远镜；9.目镜锁紧螺钉；10.分划板；11.目镜；12.望远镜俯仰调节螺钉；13.望远镜水平调节螺钉；14.支臂；15.望远镜转角微调螺钉；16.主尺止动螺钉；17.制动架；18.望远镜与主轴止动螺钉；19.底座；20.转座；21.主尺；22.游标盘；23.装平行光管的立柱；24.游标盘微调螺钉；25.游标盘止动螺钉；26.平行光管水平调节螺钉；27.平行光管俯仰调节螺钉；28.狭缝调节手轮

图24-1　分光计的结构

分光计底座中心有一竖轴,望远镜和读数圆盘可绕该轴转动,该轴也称为仪器的公共轴或主轴。平行光管是产生平行光的装置,管的一端装一个会聚透镜,另一端是带有狭缝的圆筒,狭缝宽度可以根据需要调节。望远镜的结构如图24-2所示,由目镜系统和物镜组成。为了调节和测量,物镜和目镜之间还装有分划板,它们分别置于外管、内管和中管内,三个管彼此可以相互移动,也可以用螺钉固定。在中管的分划板下方紧贴一块45°全反射小棱镜,棱镜与分划板的粘贴部分涂成黑色,仅留一个绿色的小十字窗口。光线从小棱镜的另一直角边入射,从45°反射面反射到分划板上,透光部分便在分划板上形成一个明亮的十字窗。

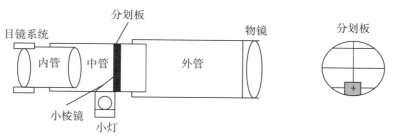

图24-2　望远镜的结构

载物台用以放置平面镜、棱镜等光学元件,台面下三个螺钉可调节台面的倾斜角,平台的高度可通过旋松螺钉7升降,调到合适位置再锁紧螺钉。读数圆盘是读数装置,格值为30分。在游标盘对称方向有两个角游标,读数时分别读出两个游标处的读数值,取平均值,以消除刻度盘和游标盘的圆心与仪器主轴的轴心不重合所引起的偏心误差。读数方法与游标卡尺相似,以角游标零线为准,读出刻度盘上的度值,再找游标上与刻度盘上刚好重合的刻度线,即为所求之分值。如果游标零刻度线落在半度刻度线之外,则读数应加上30分。例如,图24-3所示情况为134°30′稍多一点,游标上的第15格恰好与刻度盘上的某一刻度对齐,则读数为134°30′ + 15′=134°45′。

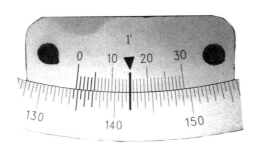

图24-3　角游标读数方法

2. 分光计的调节

为了精确测量,分光计在使用前必须进行调节。调节分光计的目的是让平行光管发出平行光,让望远镜对平行光聚焦(接收平行光),让望远镜、平行光管的光轴垂直仪器公共轴。分光计调整的关键是调好望远镜,其他的调整可以以望远镜为标准。

(1)调节望远镜。

调节望远镜,首先要对目镜调焦。调节目镜调焦手轮,同时从目镜观察,直到能清楚地看到如图24-2所示分划板上的刻度线。

其次,通过调节望远镜,使其对平行光聚焦,即将分划板调到物镜焦平面上。先把目镜照亮,将双面镜放到载物台上。为了便于调节,平面镜与载物台下三个调节螺钉(a,b,c)的相对位置如图24-4所示;然后粗调,使望远镜光轴与平面镜镜面垂直,方法是通过目测,把望远镜调成水平,再调载物台螺钉,使镜面大致与望远镜垂直;接着固定望远镜,双手转动游标盘,载物台也跟着一起转动,在目镜中应看到一个绿色亮十字随着镜面转动而移动,这就是镜面反射像。沿轴向移动目镜筒,直到像清晰,再旋紧螺钉,则望远镜已对平行光聚焦。

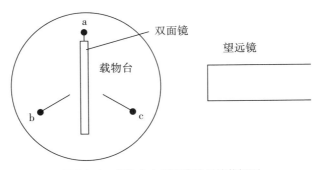

图24-4　载物台上双面镜放置的俯视图

最后,要调整到望远镜光轴垂直于仪器主轴。当双面镜镜面与望远镜光轴垂直时,它的反射像应落在目镜分划板上与下方十字窗对称的上十字线中心,见图24-5(c)。平面镜绕轴转180°后,如果另一镜面的反射像也落在此处,这表明镜面平行仪器主轴,而此时与镜面垂直的望远镜光轴则垂直于仪器主轴。

调节方法是减半逐步逼近法。如图24-5(a)所示,如果十字像的中心至上方的水平准线的距离为d,则先调节载物台下的螺钉b或c,使十字像的中心向上方水平准线逼近$d/2$,如图24-5(b),再调节望远镜俯仰调节螺钉,使两者重合。将载物台旋转180°,用同样方法调节。如此重复调节数次,直至双面镜的任意一面对准望远镜时,均能使十字反射像与上十字线重合为止。之后望远镜俯仰调节螺钉不能再动。

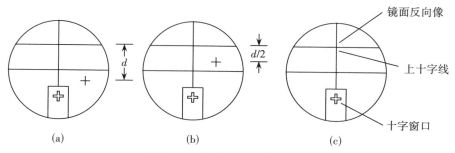

图24-5　从目镜中看到的分划板

(2)调整平行光管使其发出平行光并垂直于仪器主轴。

取下平面镜和目镜照明光源,使狭缝对准前方汞灯光源,使望远镜转向平行光管方向,在目镜中观察狭缝像,沿轴向移动狭缝筒,直到像清晰。此时平行光管射出平行光。调节狭缝宽度至0.5 mm左右。

转动狭缝套筒使狭缝转至水平位置,调节平行光管俯仰调节螺钉,使狭缝像与分划板上的十字叉丝水平线相平行,并且像中心对准十字叉丝的中心点;然后将狭缝套筒转回到垂直位置,并确认像与十字叉丝垂直线重合,如图24-6所示。此时平行光管光轴调节完毕,将平行光管和狭缝套筒的相关锁紧螺钉锁死。

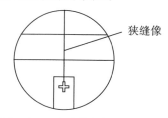

图24-6　平行光管与望远镜光轴共线

3. 自准法测量三棱镜的顶角 A

如图24-7,利用望远镜自身产生的平行光,转动望远镜,使AB面反射的像与分划板上十字叉丝重合,记下刻度盘上两边的读数θ_1和θ_2。再转动望远镜,使AC面反射的像与分划板上十字叉丝重合,记下读数θ_1'和θ_2',两次读数相减就得顶角A的补角Ψ,由此得:

$$A = 180° - \Psi \tag{24-1}$$

$$\Psi = \frac{1}{2} \left[(\theta_1 - \theta_1') + (\theta_2 - \theta_2') \right] \tag{24-2}$$

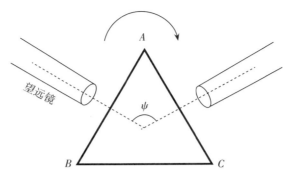

图 24-7　用自准法测量三棱镜的顶角

4. 用反射光法测量三棱镜的顶角 *A*

如图 24-8，将三棱镜的顶角 *A* 对准平行光管，并使棱镜稍稍后退，使棱镜顶点靠近载物台中心，用平行光管射出的平行光照在棱镜的两个折射面上，将望远镜转至 *AB* 面，使 *AB* 面反射回来的狭缝像与分划板上叉丝重合，记下刻度盘上两边的读数 θ_1 和 θ_2，然后将望远镜转至 *AC* 面，使 *AC* 面反射回来的狭缝像与分划板上叉丝也重合，记下读数 θ_1' 和 θ_2'，则棱镜的顶角：

$$A = \frac{1}{4}\left[(\theta_1 - \theta_1') + (\theta_2 - \theta_2')\right] \tag{24-3}$$

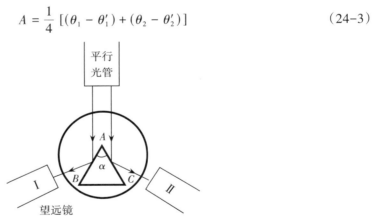

图 24-8　反射光法测量三棱镜的顶角

五、实验步骤

(1)调节分光计，要求与调节方法见实验原理。

(2)调节三棱镜的主截面使它垂直于分光计中心转轴。如图 24-9 所示，将三棱镜放置在载物台上，使三棱镜的三条边分别和载物台下三个螺钉 a、b、c 组成的三角形的三条边垂直，然后转动载物台(不动望远镜)，使 *AB* 面正对望远镜，调节 a 使 *AB* 面与望远镜光轴垂直，即通过目镜可以看到由该面反射回来的绿色十字像，并且十字像与分划板中的上十字叉丝重合；然后使 *AC* 面正对望远镜，调节 c 使 *AC* 面与望远镜光轴垂直。*BC* 面是毛面，调节过程中螺钉 b 不动。

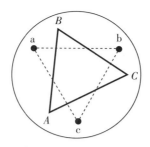

图24-9　三棱镜的放置

（3）自准法测量三棱镜的顶角A。标记两个游标为1和2，记下望远镜与AB面垂直时刻度盘对应于游标1和2的读数θ_1和θ_2，再将望远镜转到与AC面垂直，记下刻度盘对应于游标1和2的读数θ_1'和θ_2'。将数据记录于表24-1中，求出三棱镜顶角A。重复测量三次，求平均值。

（4）反射光法测量三棱镜的顶角A。同样标记两个游标为1和2，让三棱镜的顶角对准平行光管。用望远镜在AB面接收反射光，当看到狭缝像与分划板上叉丝重合时，记下刻度盘上两边的读数θ_1和θ_2。然后转到AC面，用同样的方法测出θ_1'和θ_2'。将数据记录于表24-2中，求出三棱镜顶角A。重复测量三次，求平均值。

六、实验数据与结果

1. 自准法测三棱镜顶角

表24-1　自准法测三棱镜顶角数据记录表

序号	角度						
	θ_1	θ_1'	θ_2	θ_2'	$\psi = \dfrac{1}{2}\left[(\theta_1 - \theta_1') + (\theta_2 - \theta_2')\right]$	$A = 180° - \psi$	$\bar{A}$
1							
2							
3							

2. 反射光法测三棱镜顶角

表24-2　反射光法测三棱镜顶角数据记录表

序号	角度					
	θ_1	θ_1'	θ_2	θ_2'	$A = \frac{1}{4}[(\theta_1 - \theta_1') + (\theta_2 - \theta_2')]$	$\bar{A}$
1						
2						
3						

七、注意事项

(1)仪器的各光学面要保持清洁,不要用手触摸各光学面。

(2)在计算望远镜转过的角度时,要特别注意是否经过了刻度盘的零点,然后进行相应的计算。

(3)操作过程中,旋转螺钉要轻柔,不要损坏仪器。

八、思考与讨论

(1)计算望远镜的转角时,若其中一边的游标经过了刻度零线,转过的角度应如何计算?

(2)在测量顶角时如果转动望远镜找不到由棱镜反射过来的狭缝像,可能是什么原因? 如何解决?

第五章

设计物理实验

实验25　单摆测定重力加速度

重力加速度是物理学中一个十分重要的物理量,精准地测定重力加速度的值,在学科学习、科学研究、生产生活以及军事国防等方面都有着极其重要的意义。地球上不同的地方,重力加速度的大小不同。单摆法是一种较为精确又简便的测量重力加速度的方法,通过测量单摆的振动周期和摆长的关系,进而推出重力加速度的值。本实验将详述单摆测定重力加速度的方法。

一、实验目的

(1)学会使用秒表、米尺和游标卡尺,准确测量单摆的周期和摆长。
(2)理解单摆周期公式的物理意义,计算当地重力加速度g的值。
(3)了解并分析单摆法测定重力加速度产生误差的因素。

二、预习要点

(1)单摆的运动方程。
(2)单摆的周期公式。

三、实验仪器

秒表、米尺、带孔金属小球一个、约1 m长的轻质细线一根、游标卡尺、铁架台。

四、实验提示

1. 单摆测定重力加速度

如图25-1所示,用一根无伸长的轻质细线悬挂一个质量为m的小球,拉直细线使其偏离竖直方向一个很小的角度θ,然后使小球以O_1点为中心做往复摆动,就可组成一个单摆。

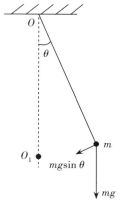

图25-1　单摆

设小球质心到摆的支点 O 的距离为 l，即摆长，根据受力分析，则小球所受的切向力的大小为 $mg\sin\theta$，方向总指向平衡点 O_1。当幅角 θ 很小时，可认为 $\sin\theta \approx \theta$，切向力的大小为 $mg\theta$。根据牛顿第二定律，质点的运动方程可写为：

$$ma_t = -mg\theta$$

$$ml\frac{\mathrm{d}^2\theta}{\mathrm{d}t^2} = -mg\theta$$

$$\frac{\mathrm{d}^2\theta}{\mathrm{d}t^2} = -\frac{g}{l}\theta \tag{25-1}$$

此式为简谐运动方程，可知单摆在幅角 θ 很小的条件下可认为是简谐运动。由方程可知，单摆做简谐运动的角频率 ω 可表示为：

$$\omega = \frac{2\pi}{T} = \sqrt{\frac{g}{l}}\,;T = 2\pi\sqrt{\frac{l}{g}} \tag{25-2}$$

因此，我们可以得到重力加速度：

$$g = 4\pi^2\frac{l}{T^2} \tag{25-3}$$

由此可知，单摆做简谐运动时，周期与振幅、摆球的质量无关，与摆长 l 的二次方根成正比，与重力加速度 g 的二次方根成反比。

用单摆测定重力加速度时，只要准确测量单摆的摆长 l 和振动周期 T，就可以计算当地重力加速度 g 的值。实验时，由于测量一个周期的相对误差较大，一般是测量连续摆动 n 个周期的时间 t，则单摆的振动周期 $T = t/n$，因此：

$$g = 4\pi^2\frac{n^2l}{t^2} \tag{25-4}$$

2. 秒表的使用

秒表的读数等于内侧分针的读数与外侧秒针的读数之和。当内侧分针未超过半格时，外侧秒针读取小于30的数字；当内侧分针超过半格时，则外侧秒针读取大于30的数字。机械式秒表精确度为0.1 s，读数时不需要估读。

五、任务与要求

(1)利用轻质细线、金属小球和铁架台,自行制作单摆。

(2)设计合理的实验方案,确定测量方法及其待测物理量。

(3)讨论单摆实验方案的合理性,征得老师同意后开始实验。

(4)按实际需要,自行设计表格。将测量结果记录于表格中。

(5)计算重力加速度的值。

六、注意事项

(1)制作单摆时,避免出现摆动时悬点不固定或摆线下滑的情况。

(2)单摆摆动时,避免形成圆锥摆,且保证单摆做简谐运动。

(3)计时的时候,注意参照点的选择。

七、思考与讨论

(1)在不同摆长下测定的重力加速度的值,与当地重力加速度的标准值有什么差异?摆长对实验有什么影响?

(2)单摆法测定重力加速度产生误差的因素有哪些?如何改进?

实验26　倾斜气垫导轨上滑块运动的研究

　　气垫导轨是一种可实现近乎无接触摩擦直线运动的现代化力学实验装置。它利用气源将压缩空气送入轨道,进而从轨道表面的喷气孔喷出气流,在轨道和滑块之间形成一层很薄的空气膜,使滑块悬浮于轨道上,极大地减小了滑块所受的摩擦力,使实验结果更接近理论值。气垫导轨主要由导轨、滑块和光电门组成,其装置主要用于测量力学物理量和验证力学定律。本实验利用倾斜气垫导轨测量当地重力加速度。

一、实验目的

(1)学习气垫导轨、光电门和计数器的使用方法。

(2)掌握倾斜气垫导轨(简称气轨)测定重力加速度的原理和方法。

(3)学会气垫导轨调平的方法。

(4)分析和修正实验中的部分系统误差。

二、预习要点

(1)气垫导轨的结构与使用。

(2)气垫导轨测重力加速度的方案。

三、实验仪器

气垫导轨、气源、滑块、光电门、J0201-DM智能计时器(配合光电门)、游标卡尺、垫块。

四、实验提示

1. 气垫导轨

　　如图26-1所示,气垫导轨是一种可以忽略摩擦的运动实验装置,由导轨、滑块和光电门组成。

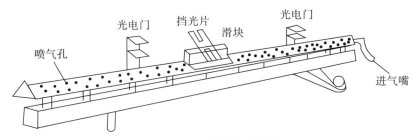

图26-1 气垫导轨结构图

（1）导轨。

导轨长1.5~2.0 m，一端装有进气嘴，轨面上方各有两排直径为0.4~0.6 mm的喷气孔，当气源压缩空气进入管腔后，空气从喷气孔喷出，将滑块托高导轨约0.15 mm，在轨面与滑块之间形成很薄的空气膜，极大地减小了摩擦力的影响。导轨两端有缓冲弹簧，且一端附带滑轮。整个导轨安装在钢梁上，有三个底脚螺丝用以调节导轨水平。

（2）滑块。

滑块两端装有缓冲弹簧，内表面和导轨面精密吻合；滑块顶部可安置挡光片或附加重物。

（3）光电门。

光电门由聚光灯泡和光电管组成，放置在导轨的一侧。光电管与智能计时器相接，光照射光电管时，光电管电路导通；反之，则光电管断开。通过智能计时器门控电路，输出脉冲使智能计时开始或停止。当滑块上的挡光片通过光电门，智能计时器显示挡光时间t。假设挡光片宽度为d，则滑块通过光电门的平均速度$\bar{v} = \dfrac{d}{t}$。

（4）挡光片。

由金属片制成，如图26-2所示的U形，d是挡光片第一前沿到第二前沿的距离。使用d值小的挡光片可以测出的平均速度接近瞬时速度，即减小系统误差。但是d很小时，相应的t也将变小，这时t的相对误差将变大，所以测量速度时，不宜于用d很小的挡光片。

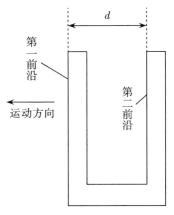

图26-2 U形挡光片

2. 加速度测量

（1）倾斜气轨上滑块加速度 a 与重力加速度 g 的关系。

设导轨倾斜角为 θ，滑块质量为 m，则不考虑阻力时滑块的运动方程：

$$ma = mg\sin\theta \tag{26-1}$$

此外，滑块在气轨上运动时，存在与空气层的内摩擦，阻力 F_f 和平均速度成正比，为：

$$F_f = b\bar{v} \tag{26-2}$$

上式中的 $\bar{v} = \dfrac{s}{t}$，s 为两光电门之间的距离，t 为滑块通过两光电门的时间间隔，比例系数 b 为黏性阻尼系数。考虑空气阻力后，式（26-1）可改写为：

$$ma = mg\sin\theta - \frac{bs}{t}$$

则重力加速度为：

$$g = \frac{\left(a + \dfrac{bs}{mt}\right)}{\sin\theta} \tag{26-3}$$

（2）导轨的调平。

实验用气垫导轨存在一定的弯曲度，因此导轨"调平"是指将光电门 A、B 所在两点调到同一水平线上，如图 26-3 所示。

图 26-3　导轨调平示意图

假设导轨上 A、B 两点处在同一水平线上，则滑块在 A、B 间运动，因导轨弯曲产生的影响可以抵消。但滑块与导轨间还存在少许阻力，滑块经过光电门 A 时的速度 v_A（用时 t_A）将略大于通过光电门 B 时的速度 v_B，即 $v_B < v_A$。

设滑块所受阻力为 $F_f = b\dfrac{v_A + v_B}{2}$，阻尼加速度 $a_f = \dfrac{v_A^2 - v_B^2}{2s}$，由牛顿定律 $F_f = ma_f$，可得到运动中的速度损失 Δv：

$$\Delta v = v_A - v_B = \frac{bs}{m} \tag{26-4}$$

其中 b 为黏性阻尼系数，s 为光电门 A、B 之间的距离，m 为滑块的质量。根据此方程，可用来检验导轨是否调平。

当滑块从 A 向 B 运动时，则 $v_A > v_B$；相反运动时，则 $v_B > v_A$。由于挡光片的宽度 d 相同，所以 $A \rightarrow B$ 时，$t_A < t_B$；相反时，$t_B < t_A$。（速度取正值，$v_A = \dfrac{d}{t_A}$，$v_B = \dfrac{d}{t_B}$）

滑块由 A 向 B 运动时的速度损失 Δv_{AB} 与相反运动时的速度损失 Δv_{BA} 相等或接近。

（3）黏性阻尼系数b。

当气轨调平，滑块运动过程的速度损失Δv_{AB}与Δv_{BA}很接近时，取$\Delta v = \dfrac{\left|\Delta v_{AB}\right| + \left|\Delta v_{BA}\right|}{2}$，结合式（26-4）整理可得：

$$b = \frac{m}{s} \frac{\left|\Delta v_{AB}\right| + \left|\Delta v_{BA}\right|}{2} \tag{26-5}$$

五、任务与要求

（1）选择合适的滑块和挡光片、适当的光电门距离，完成气垫导轨的粗调。

（2）完成气垫导轨的调平，定量计算滑块通过两个光电门的速度差值，求出黏性阻尼系数b。

（3）设计合理的气垫导轨实验方案，同老师讨论后，方可进行实验操作。

（4）自行设计表格，记录待测物理量的测量数据。

（5）根据记录数据计算当地重力加速度。

六、注意事项

（1）检查轨面喷气孔是否堵塞，用纱布蘸少许酒精擦拭轨面及滑块内表面。

（2）使用光电计数器读数时，要注意计数器S_1和S_2的区别。

（3）未供气时，不能将滑块放置在气轨上或推动滑块，防止划伤轨面和滑块。

（4）实验结束后取下滑块，盖上布罩。

七、思考与讨论

（1）本实验的主要误差来源是什么？

（2）若改变本实验的条件（如改变下滑的初速度、滑块上附加重物、改变导轨的倾斜度），在不考虑阻力和考虑阻力的两种情况下，它们会对加速度产生什么影响？

（3）一般情况下，实验值$\bar{g}$比理论值$g_{理}$大还是小？

实验27　牛顿第二定律的验证

牛顿第二定律即牛顿第二运动定律,内容为物体加速度的大小跟作用力成正比,跟物体的质量成反比,加速度的方向跟作用力的方向相同。该实验利用控制变量法研究力、质量和加速度之间的关系,通过测滑块加速度验证牛顿第二定律。

一、实验目的

(1)验证牛顿第二定律。
(2)学习气垫导轨仪器的使用,掌握控制变量研究方法。
(3)学习利用图像法寻求物理规律。

二、预习要点

(1)牛顿第二定律。
(2)气垫导轨的结构与使用。

三、实验仪器

气垫导轨、数字毫秒计、两个光电门、滑块、砝码及砝码托盘、气源。

四、实验提示

如图27-1所示,在水平放置的气垫导轨上,安装两个光电门,滑块通过细绳与钩码相连。

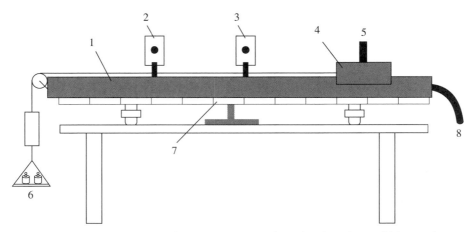

1.气垫导轨;2.光电门B;3.光电门A;4.滑块;5.挡光条;6.砝码盘及砝码;7.刻度尺;8.气源

图27-1　气垫导轨结构

对于单方向直线运动,牛顿第二定律 $F=ma$ 可从两方面来验证:(1)物体质量 m 为常数时,它所获得的加速度大小 a 与所受合外力 F 大小成正比;(2)当合外力 F 为常数时,物体获得的加速度大小 a 与该物体质量 m 成反比。

将水平气轨上的滑块用细线与砝码盘相连在滑轮上,如果不计各种摩擦力与细线的质量,则滑块、滑轮、砝码盘运动系统满足方程:

$$G = \left(m + M + m_0 + \frac{I}{r^2} \right)a \qquad (27-1)$$

式中 G 为作用在运动系统上的合外力(阻力不计,G 就是重力),m 为滑块质量,M 为砝码总质量,m_0 为砝码盘质量,I/r^2 为滑轮的折合质量(I、r 分别为滑轮转动惯量和半径),令 $M = 9m_0$(每个砝码的质量都和砝码盘质量相同,质量均为 m_0,一共用九个砝码,故砝码总质量 $M = 9m_0$),全部放在滑块上,测出在砝码盘的重力 m_0g 作用下运动系统的加速度 a_1;然后在滑块上取下一个砝码(m_0)加在砝码盘上,测出在 $2m_0g$ 作用下,运动系统加速度 a_2;再逐次在滑块上取下砝码依次加在砝码盘上,依次测出重力为 $3m_0g, 4m_0g, \cdots, 10m_0g$ 作用下每次的加速度 $a_3, a_4, \cdots, a_{10}$。由此数据进行上述第(1)项验证。如果不改变作用在系统上的合外力 F(重力 G),只改变滑块的质量 m(可以增减放在滑块上的砝码,或两滑块用橡皮泥串联),测出运动系统每改变一次质量时所对应的加速度。数据可代入牛顿第二定律验证。

关于运动加速度和运动速度的测量,我们做以下考虑:让两个光电门 K_1、K_2 相距 s(图 27-2)。设滑块通过 K_1 时瞬时速度为 v_1,通过 K_2 时为 v_2,则 $v_2^2 - v_1^2 = 2as$。a 即为此时的加速度。

再看图 27-3,挡光片的挡光部分宽度为 d_1、$d_3(d_1 = d_3)$,透光缺口宽度为 d_2。当滑块向右运动时,如用数字毫秒计 S_2 挡计时,则挡光片第 1 条边通过光电门时,第一次遮光,开始计时;第 3 条边通过时,第二次遮光,结束计时。于是,测得与 $d_1 + d_2$ 距离相对应的时间间隔 t。当 $d_1 + d_2 \ll s$ 时,可认为 $(d_1 + d_2)/t$ 为待测的瞬时速度。如果测出通过 K_1 的时间 t_1 和通

过 K_2 的时间 t_2，即得：

$$v_1 = (d_1 + d_2)/t_1$$
$$v_2 = (d_1 + d_2)/t_2 \tag{27-2}$$

而且：
$$a = (v_2^2 - v_1^2)/2s$$
$$= \left[(d_1 + d_2)^2/(2s)\right] \cdot (1/t_2^2 - 1/t_1^2) \tag{27-3}$$

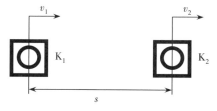

图27-2 两个光电门的距离

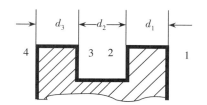

图27-3 挡光片遮光示意图

五、任务与要求

（1）根据气垫导轨使用要求，对气垫导轨进行调平，动态调平或静态调平。

（2）设计实验方案，确定测量方法。

（3）选择合适的挡光片，设置仪器参数。

（4）同老师讨论实验方案的合理性，征得老师同意后开始实验。

（5）按实际需要，自行设计表格。将测量结果记录于表格中。

（6）利用图像法处理数据，分析误差来源，给出实验结论。

六、注意事项

（1）测量时滑块每次起始位置要尽量接近，要适当选择两光电门到起始点之间的位置，根据所使用的导轨来确定，尽量避免使用或少用无法调平的导轨部分。两光电门之间的距离40~60 cm，第一光电门离起始点约20 cm。必要时串联一两块小滑块（可用橡皮泥让滑块碰撞结合）。

（2）在改变系统质量时，Δm 不要取得太小，而滑块承受的负载 Δm 也不能太大。所以，本实验在要求不高即误差允许范围略宽的情况下，同样可用电磁打点计时器，用小滑车在平板上完成。读者利用这些简单仪器可将本实验变成中学物理实验。

七、思考与讨论

（1）能否将导轨调成某一角度而做此实验？为什么？

（2）导轨应如何调整？如何保养？使用时应注意哪些问题？

（3）实验中砝码质量选择得太大、太小有什么不好？砝码的改变量 Δm 应根据什么而定？

（4）造成本实验系统误差的因素有哪些？怎样避免或减少？

实验28　电表的改装与校准

电表在电学测量中有着广泛的应用,因此如何了解电表和使用电表就显得十分重要。电流计(表头)由于构造简单,一般只能测量较小的电流和电压,如果要用它来测量较大的电流或电压,就必须进行改装,以扩大其量程。万用表就是对表头进行多种量程改装而来,由于可以测量不同的电学信号,因而在电路的测量和故障检测中得到了广泛的应用。

一、实验目的

(1)测量表头内阻 R_g 及满偏电流 I_g。

(2)掌握将 $100\ \mu A$ 表头改成较大量程的电流表和电压表的方法。

(3)设计一个 $R_中 = 10\ k\Omega$ 的欧姆表,要求电动势 E 在 $1.35\sim1.6\ V$ 范围使用且能调零。

(4)用电阻器校核欧姆表,画校准曲线,并根据校准曲线用组装好的欧姆表测未知电阻。

(5)学会校准电流表和电压表的方法。

二、预习要点

(1)表头电阻的测量。

(2)表头改装成电流表、电压表和欧姆表的方案。

三、实验仪器

DH4508B型电表改装与校准实验仪。

四、实验提示

1. 表头内阻的测量

(1)替代法测内阻。

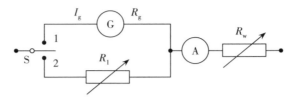

图28-1　替代法测量表头内阻电路图

连接电路如图28-1所示,当选择开关S接至1时,被改电流计(表头)接在电路中,选择适当的电压E和R_w值使表头满偏,记下此时标准电流表的读数I_g;不改变电压E和R_w的值,把选择开关S接至2时,用电阻箱R_1替代被测电流计,调节电阻箱R_1的阻值使标准电流表的读数仍为I_g,此时电阻箱的阻值即为被测电流计的内阻R_g。

(2)中值(半电流)法测内阻。

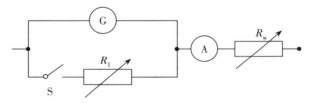

图28-2　中值法测量表头内阻电路图

连接电路如图28-2所示,当被测电流计接在电路中时,使电流计满偏,记下此时标准电流表的读数I_g。再用十进位电阻箱R_1与电流计并联作为分流电阻,改变电阻值R_1即改变分流程度。当电流计指针指示到中间值,且总电流强度仍保持不变,显然这时分流电阻值就等于电流计内阻。

2. 电流计改装为大量程电流表

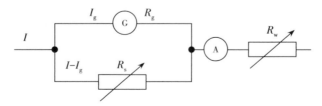

图28-3　表头改装为大量程电流表电路图

如图28-3所示,$I_g R_g = (I - I_g) R_s$,$R_s = \dfrac{I_g R_g}{(I - I_g)} = \dfrac{R_g}{(I - I_g)/I_g}$,令$n = \dfrac{I}{I_g}$,在表头并联一阻值为$R_s$的分流电阻,可使电流表量程扩大为原来的$n$倍。

3. 电流计改装为电压表

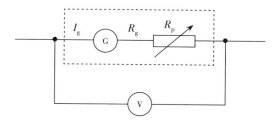

图28-4　表头改装为电压表电路图

如图28-4所示,电压表读数 $V = I_g R_g + I_g R_p$, $R_p = \dfrac{V}{I_g} - R_g = (m-1)R_g$, 其 $m = \dfrac{V}{V_g} = \dfrac{V}{I_g R_g}$。在表头串联一阻值为 R_p 的分压电阻,使电表量程扩大为原来的 m 倍。

4. 电流计改装为欧姆表

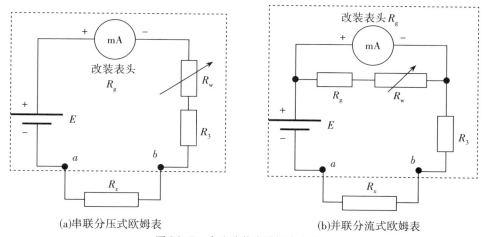

(a)串联分压式欧姆表　　　　　(b)并联分流式欧姆表

图28-5　表头改装为欧姆表电路图

图28-5中 E 为电源,R_3 为限流电阻,R_w 为调"零"电位器,R_x 为被测电阻,R_g 为等效表头内阻。图28-5(b)中,R_g 与 R_w 一起组成分流电阻。

在图28-5(a)中,当 a、b 两点之间被接入待测电阻时,电路中的电流为 $I = \dfrac{E}{R_g + R_w + R_3 + R_x}$,对于给定的表头和线路而言,$R_3$、$R_w$ 和 R_g 都是常量,当电源端电压 E 保持不变时,被测电阻和电流值有一一对应的关系,即 R_x 越大,电路 I 越小。短路 a、b 两端,即 $R_x=0$ 时,$I = \dfrac{E}{R_g + R_w + R_3} = I_g$,这时表头满偏。当 $R_x = R_g + R_w + R_3$ 时,$I = \dfrac{E}{R_g + R_w + R_3 + R_x} = \dfrac{1}{2}I_g$,此时表头半偏,当 $R_x \to \infty$ 时,$I \to 0$,此时指针在表头的机械零位。欧姆表的标度尺为反向刻度,且刻度是不均匀的,电阻越大,刻度间隔愈密。如果表头的标度尺预先按已知电阻值刻度,就可以用电流表来直接测量电阻了。

欧姆表使用前先要调"零"点,即 a、b 两点短路(相当于 $R_x=0$),调节 R_w 的阻值,使表头指针正好偏转到满刻度。可见,欧姆表的零点就在表头标度尺的满刻度处,与电流表和电压表的零点正好相反。

欧姆表在使用过程中电池的端电压会有所改变,而表头的内阻 R_g 及限流电阻 R_3 为常量,故要求 R_w 要跟着电池电压的变化而改变,以满足欧姆表调"零"的要求,设计时用可调电源模拟电池电压的变化,范围取 1.3~1.6 V。

五、任务与要求

(1)利用实验室所提供的电表改装实验箱,使用不同方法测量表头内阻。

(2)设计将 100 μA 表头改成较大量程的电流表和电压表的电路。

(3)根据电流表和电压表的量程要求,计算相应改装所需要的电阻阻值。

(4)设计一个中值电阻为 10 kΩ 的欧姆表,要求 E 在 1.35~1.6 V 范围使用且能调零。

(5)用电阻器校准改装的欧姆表,画校准曲线,并根据校准曲线用组装好的欧姆表测未知电阻。

六、注意事项

注意表头的保护,连接电路时避免短路事故的发生。

七、思考与讨论

(1)根据电流表校准数据,分析表头内阻测量用哪种方法更加准确。

(2)改装欧姆表时若使用并联分流法,如何对该欧姆表进行调零?

(3)若设计一个 $R_{中}=15$ kΩ 的欧姆表,现有两块量程 100 μA 的电流表,其内阻分别为 2 500 Ω 和 1 000 Ω,你认为用哪块电表更好? 为什么?

实验29　电位差计测量电池的电动势和内阻

　　采用普通电压表直接测量电压时,测量误差主要来源于两个方面,即电压表本身的基本误差和测量方法造成的误差(电表内阻对被测电路的影响)。如果用比较法代替直接测量法,即将待测电压与标准电动势进行比较以确定待测量,可以减小测量误差。电位差计测量电压就是属于这种方法,它的特点是测量精度高,但操作过程较烦琐。使用电压表来测量电池的电动势时,在电池与电压表连接后有电流通过,就会在电极上发生电极极化,使电极偏离平衡状态。测量电池电动势只能在无电流通过的情况下进行,需用补偿法来测定电池电动势。为了获得电池电动势,本实验使用电位差计来进行测量。

一、实验目的

(1)了解箱式电位差计的结构和原理。
(2)学习用电位差计测电动势(或电压)、电流和电阻的方法。

二、预习要点

(1)电位差计的结构和原理。
(2)电位差计的使用方法。
(3)用电位差计测电池电动势和内阻的方案。

三、实验仪器

　　UJ33a型箱式电位差计、直流稳压电源、电阻箱、待测干电池、待校准电表、开关和导线、滑线变阻器。

四、实验提示

1. 电位差计原理

图29-1是电位差计的原理简图,它的基本电路由三部分组成:工作电流回路,包括E、

R_{AB}、R_{BC}和R_P,其中E为辅助电源;校准工作电流回路,包括E_N、$R_N(R_{AB}$接入回路的部分)和检流计G等;测量回路,包括U_x、$R_x(R_{BC}$接入回路的部分)和检流计G等。

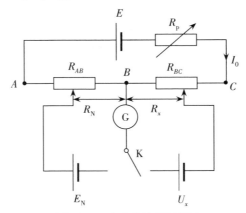

图29-1 电位差计原理简图

(1)校准。

将图29-1中开关K合向标准电动势E_N侧,取R_N为预定值,调节R_P,使电流计G指零,显然有:

$$I_0 = \frac{E_N}{R_N} \tag{29-1}$$

这一步骤的目的是使R_x中流过一个已知的"标准"电流I_0。

(2)测量。

将开关合向未知电压U_x一侧,保持I_0不变,调节R_x使检流计指零。则有:

$$U_x = I_0 R_x = \frac{R_x}{R_N} E_N \tag{29-2}$$

乘积$I_0 R_x$是测量回路中一段电阻上的分压,叫作补偿电压。被测电压与补偿电压极性相反且大小相等,因而互相补偿(平衡)。这种测U_x的方法叫补偿法。

(3)电压灵敏度。

由于检流计灵敏度的限制,当观察不出指针偏转时,并不说明完全没有电流通过。为了描述检流计所带来的系统误差,引入电压灵敏度概念,即当检流计指零后,改变R_x,使R_x两端的电压U_x产生一个改变量ΔU,这时检流计指针偏转Δn格,电位差计灵敏度S定义为:

$$S = \frac{\Delta n}{\Delta U} \text{ (div/V)} \tag{29-3}$$

(4)电位差计的特点。

①准确度高。电位差计是一个电阻分压装置。它将被测电压U_x和标准电动势进行比较。U_x的值仅取决于电阻比及标准电动势,因为标准电池E_N及各电阻都可以做得很准确和稳定,所以能够达到的测量准确度较高。

②灵敏度高。上述校准和测量两步骤中检流计两次均指零,因而具有较高的灵敏度。

③内阻高。电位差计达到平衡时,不从被测对象中吸取或注入电流,使得E_N、U_x的内阻,以及这些回路的导线电阻、接触电阻都不产生附加电压降,不会影响测量结果。因此,

电位差计可相当于"内阻"极高的电压表。

2. 电位差计测电源电动势和内阻

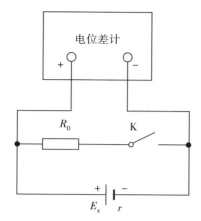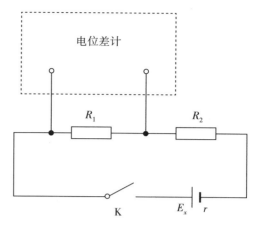

图29-2 电位差计测电源和内阻原理图　　　图29-3 电位差计测电源电动势原理图

测量电路图如图29-2所示,当开关K断开时,电位差计直接测量被测电源电动势E_x。当开关K合上时,测标准电阻R_0两端电压U_x,由于:

$$U_x = I_x R_0$$

$$E_x = I_x(r + R_0) = \frac{U_x}{R_0}r + U_x$$

所以:

$$r = \frac{E_x - U_x}{U_x}R_0 \tag{29-4}$$

若被测电源电动势大于电位差计量程时,可采用标准电阻分压,如图29-3所示,测电动势E_x时,R_1和R_2取较大值(如取几千欧姆,可忽略电源的内压降),用电位差计测出R_1两端电压U_1后,再根据电阻分压比算出E_x:

$$E_x = \frac{R_1 + R_2}{R_1}U_1 \tag{29-5}$$

测电源内阻时,R_1、R_2取较小值(如取几十欧姆),用毫安表测回路电流I,用电位差计测出U_1后,再根据电阻分压比算出电源的端电压:

$$U_x = \frac{R_1 + R_2}{R_1}U_1$$

根据全电路欧姆定律,得:

$$E_x = U_x + Ir \qquad I = \frac{U_1}{R_1}$$

$$r = \frac{E_x - U_x}{I} = \frac{E_x - U_x}{U_1}R_1 \tag{29-6}$$

3. 电位差计测电流

测量电路图如图29-4所示,当R为标准电阻时,测出其两端的电压U_x,则电流I等于:

$$I = \frac{U_x}{R} \tag{29-7}$$

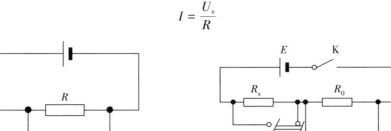

图29-4　电位差计测电流原理图　　　　图29-5　电位差计测电阻原理图

4. 电位差计测电阻

如图29-5所示,R_0为标准电阻,R_x为待测电阻。用电位差计分别测出R_0和R_x上的电压U_0和U_x,由于:

$$\frac{U_x}{U_0} = \frac{R_x}{R_0}$$

所以:

$$R_x = \frac{U_x}{U_0} R_0 \tag{29-8}$$

测量时应尽可能取标准电阻值与待测电阻值相近,得到更准确的结果。

5. 电位差计使用

图29-6是UJ33a型电位差计面板图,UJ33a型电位差计的准确度等级为0.05,工作电流I_0为3 mA,量程开关K_1指向"×5"挡时,量程为1.0550 V,指向"×1"挡时,量程为211 mV,指向"×0.1"挡时,量程为21.1 mV。

测量未知电压方法如下:

(1)倍率开关K_1从"断"旋到所需倍率。调节"调零"旋钮,使检流计指针示值为零。将被测电压按极性接入"未知"端钮,"测量—输出"开关K_3放于"测量"位置,扳键开关K_2扳向标准,调节"粗""微"旋钮,直到检流计指零。

(2)将扳键开关扳向"未知",调节 Ⅰ、Ⅱ、Ⅲ测量盘,使检流计指零,被测电压为测量盘读数与倍率乘积。

(3)测量过程中,鉴于电池消耗,工作电流变化,连续使用时应经常核对"标准",使测量精确。

(4)使用完毕,"倍率"开关置于"断"位置。

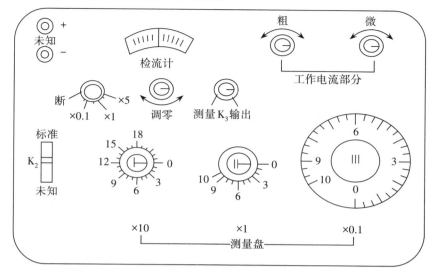

图29-6 电位差计面板图

五、任务与要求

1. 测干电池的电动势及内阻

(1)由于电位差计的最大量程小于干电池电动势,需采用标准电阻分压。试根据电位差计量程和干电池电动势初测值(用万用表测量),估算分压电阻之值,并阐明如何计算。

(2)要求设计电路,确定实验方法和步骤。

(3)测量六组数据,计算电动势和内阻的平均值。

2. 用电位差计校准电压表和电流表

(1)被校准电流表量程为 $0 \sim 100$ mA,每 10 mA 校准一个点,共计 10 个点,被校准电压表量程为 $0 \sim 120$ mV,每 12 mV 校准一个点,共计 10 个点。

(2)设计出校准电路图。根据所用电位差计量程及电流表和电压表量程估算出标准电阻阻值。选择滑线变阻器,满足细调要求,选择电源电压,保证电表和滑线变阻器安全工作。

(3)拟订实验步骤,设计实验数据表格。

(4)确定出电表的准确度等级,画出校准曲线。

六、注意事项

(1)测量前,先检查各电源极性接线是否正确,若有误,则电位差计不能调节到平衡状态,即检流计不示零。

（2）接通电位差计电源开关前,将粗调电阻 R 旋钮调到中值附近,以防通过检流计的电流过大。调试时,采用跃按法,按键不要按得过猛或时间过长,以免通过大电流烧坏检流计。

（3）若检流计在粗调电阻 R 调节范围内调不到零(总是偏向一边),应检查电源极性是否接反或工作电路是否断路。

（4）标准电池仅允许通过短时微安级电流,不能用电压表测量其电动势,更不能当电源使用,仅能作为标准电压。

七、思考与讨论

（1）什么是补偿原理? 电位差计达到补偿的标志是什么?

（2）为什么电位差计在测量之前要定标(或工作回路的电流标准化)? 如何定标?

（3）在实验中若检流计指针总向一边偏转,试分析其原因。

实验30　望远镜和显微镜

　　望远镜和显微镜是最常用的助视光学仪器,常组合于其他实验装置中使用,如光杠杆、测距显微镜、分光仪等。了解它们的构造原理并掌握它们的调节使用方法,不仅有助于加深理解透镜的成像规律,也为正确使用其他光学仪器打下基础。

一、实验目的

(1)掌握望远镜的构造及放大原理,熟练使用并进行观察。

(2)掌握显微镜的构造及放大原理,熟练使用并进行观察。

(3)设计组装望远镜和显微镜。

(4)测量望远镜和显微镜的放大率。

(5)用读数显微镜测量透明介质的折射率。

二、预习要点

(1)透镜的成像规律。

(2)望远镜、显微镜的结构和放大原理。

(3)组装望远镜、显微镜的方案。

(4)望远镜、显微镜的放大率测定方法。

(5)读数显微镜的结构和使用方法。

(6)视高法测折射率的原理。

三、实验仪器

　　光学平台、标尺、米尺、凸透镜、二维调节架、三维调节架 、二维平移底座、三维平移底座 、升降调整座、普通底座、正像棱镜(保罗棱镜系统)、白炽灯光源、玻璃架、玻璃砖。

　　普通望远镜和读数显微镜各一台(用于校准参考)。

四、实验提示

(一)望远镜

人眼的分辨本领是描述人眼刚能区分非常靠近的两个物点的能力的物理量。人眼瞳孔的半径约为 1 mm,一般正常人的眼睛能分辨在明视距离(25 cm)处相距为 0.05～0.07 mm 的两点,这两点对人眼所张的视角约为 1′,称为最小分辨角。当微小物体或远处物体对人眼所张的视角小于此最小分辨角时,人眼将无法分辨它们,需借助光学仪器(如放大镜、显微镜、望远镜等)来增大物体对人眼所张的视角。显微镜或望远镜作为助视仪器时,其作用都是将被观测物体对人眼的张角(视角)加以放大。

如图 30-1 所示,望远镜是帮助人眼观望远距离物体的仪器,也可作为测量和瞄准的工具。望远镜也是由物镜和目镜组成的,其中对着远处物体的一组透镜叫作物镜,对着眼睛的透镜叫作目镜,物镜焦距较长,目镜焦距较短。物镜用面镜反射的,称为反射式望远镜;物镜用透镜的,称为折射式望远镜。目镜是会聚透镜的,称为开普勒望远镜;目镜是发散透镜的,称为伽利略望远镜。

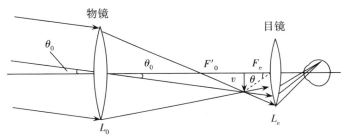

图 30-1 望远镜原理图

因被观测物体离物镜的距离远大于物镜的焦距$(u > 2f_0)$,所以物体将在物镜的后焦面附近形成一个倒立的缩小实像。与原物体相比,实像靠近了眼睛很多,因而视角增大了。然后实像再经过目镜而被放大,由目镜所成的像,可以在明视距离到无限远之间的任何位置上。因此,望远镜的功能是对远处物体成视角放大的像。

F_e 为目镜的物方焦点,F'_0 为物镜的像方焦点,θ 为明视距离处物体对眼睛所张的视角,θ_0 为通过光学仪器观察时在明视距离处的成像对眼睛所张的视角。

远处物体发出的光束经物镜后被会聚于物镜的焦平面 F'_0 上,成一缩小倒立的实像 y',像的大小决定于物镜焦距及物体与物镜间的距离。当焦平面 F'_0 恰好与目镜的焦平面 F_e 重合在一起时,会在无限远处成一个放大的倒立的虚像,用眼睛通过目镜观察时,将会看到这一放大且可移动的倒立虚像。若物镜和目镜的像方焦距为正(两个都是会聚透镜),则为开普勒望远镜;若物镜的像方焦距为正(会聚透镜),目镜的像方焦距为负(发散透镜),则为伽利略望远镜。望远镜的视角放大率:

$$m = \left(f'_0\right)/\left(f'_e\right) \tag{30-1}$$

其中 f_o' 和 f_e' 分别为物镜和目镜的焦距；m 为视角放大率；

可见，物镜的焦距 f_o' 越长、目镜的焦距 f_e' 越短，则望远镜的放大率就越大。

由于不同距离的物体在物镜焦平面附近不同的位置成像，而此像又必须在目镜焦距的范围内，并且接近目镜的焦平面，因此观察不同距离的物体时，需要调整物镜和目镜之间的距离，即改变镜筒的长度，这称为望远镜的调焦。

在光学实验中，经常用目测法来确定望远镜的视觉放大率。目测法指用一只眼睛观察物体，另一只眼睛通过望远镜观察物体的像，同时调节望远镜的目镜，使两者在同一个平面上且没有视差，此时望远镜的视觉放大率即为 $m(m = \dfrac{y_1}{y_2})$，其中 y_2 是在物体所处平面上被测物体的虚像的大小，y_1 是被测物体的大小，只要测出 y_2 和 y_1 的比值，即可得到望远镜的视觉放大率。

(二)显微镜

普通显微镜的构造主要由两部分组成：机械部分、光学部分。

1. 机械部分

(1)镜座：是显微镜的底座，用以支持整个镜体。

(2)镜柱：是镜座上面直立的部分，用以连接镜座和镜臂。

(3)镜臂：一端连于镜柱，一端连于镜筒，是取放显微镜时手握部位。

(4)镜筒：连在镜臂的前上方，镜筒上端装有目镜，下端装有物镜转换器。

(5)接目镜：装于镜筒上方，由两组透镜构成，接目镜的作用是把接物镜所形成的倒立实像再放大为一个虚像。接目镜上刻有5×,8×,10×,15×,25×等符号，表示放大倍数。我们所观察到的标本的物像，其放大倍数是接物镜和接目镜放大倍数的乘积。如接物镜是10×,接目镜是8×,其物像的放大倍数是10×8=80倍。

(6)接物镜：装在镜筒下端物镜转换器的孔中，一般的显微镜有2~4个接物镜镜头，每个镜头都是由一系列的复式透镜组成的，其上也有放大倍数记号，有4×,10×,40×,100×。4×、10×接物镜是低倍镜，40×是高倍镜，100×是油镜。低倍镜常用于搜索观察对象及观察标本全貌，高倍镜则用于观察标本某部分或较细微的结构，油镜则常用于观察微生物或动植物更细微的结构。

(7)聚光器：位于载物台下方，由两块或数块镜组成，它能将反光镜反射来的光线集中，以射入接物镜和接目镜，有的聚光器可升降，便于调光。聚光器下有一个可伸缩的圆形光圈，叫虹彩光圈，可调节聚光器口径的大小和照射面，以调节光线强弱。光线过强时，可缩小虹彩光圈。

(8)反光镜：是显微镜观察时获得光源的装置，位于显微镜镜座中央，一面为平面镜，一面为凹面镜。转动反光镜，可使外部光线通过聚光器照射到标本上。使用时，光线强用平面镜，光线弱用凹面镜。

2. 光学部分

（1）目镜：装在镜筒的上端，通常备有2~3个，上面刻有5×、10×、15×符号以表示其放大倍数，一般装的是10×的目镜。

（2）物镜：装在镜筒下端的旋转器上，一般有3~4个物镜，

其中最短的刻有10×符号的为低倍镜，较长的刻有40×符号的为高倍镜，最长的刻有100×符号的为油镜。此外，在高倍镜和油镜上还常加有一圈不同颜色的线，以示区别。

（三）读数显微镜

若从垂直于透明平行板玻璃的方向并透过它观察一个物体时，则将观察到该物体的位置比直接观察（无平行板玻璃）时高，实质上这是像的视高原理。如图30-2所示，AA'表示两种不同媒质的分界面，上下媒质的折射率分别为n_1和n_2，且$n_1 < n_2$，设有一个物点P，以入射角i入射于界面上Q点，经折射后沿QT方向进入上方媒质，折射角为γ。沿着折射线QT反方向延长，则和法线PN相交于P'点，P'点即为P点的像。

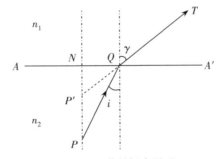

图30-2　像的视高原理

从ΔPNQ可得：$NQ = NP \cdot \tan i$，又从$\Delta P'NQ$可得：$NQ = NP' \cdot \tan \gamma$，因此：
$$NP \cdot \tan i = NP' \cdot \tan \gamma$$

当入射角很小时，$\tan i = \sin i$，$\tan \gamma = \sin \gamma$，根据折射定律有：
$$\frac{n_1}{n_2} = \frac{\sin i}{\sin \gamma} = \frac{NP'}{NP} \tag{30-2}$$

由图可知：$NP' = NP - PP'$

如上方媒质为空气，有$n = 1$，则式（30-2）可写成：
$$n_2 = \frac{NP}{NP - PP'} \tag{30-3}$$

将待测的透明固体介质样品做成一定厚度的平行平面板，在样品的表面上做一个标志物P，则NP就等于样品厚度，只要测出板厚NP及像点被提高的高度PP'，根据式（30-3）就可求得该物质的折射率n_2。

读数显微镜的外形和结构各式各样，常用的如图30-3所示。

图 30-3 读数显微镜的外形和结构

读数显微镜的光学部分是一个长焦距的显微镜。叉丝作为测量的准线,其中一条平行于显微镜筒平移的方向,另一条垂直于显微镜筒移动的方向。

读数显微镜的机械部分主要是螺旋测微系统,它的原理与千分尺相同。测微螺杆的精密螺纹的螺距为 1 mm。它和滑台上的测微螺母精密配合,测微螺杆由导轨槽两端的轴承支撑,并在轨道边上有一条 mm 分度的标尺,相当于千分尺的主尺,螺杆一端连有一个测微鼓轮,鼓轮边缘沿圆周有 100 格均匀分度的刻度线,相当于千分尺的副尺,可见读数显微镜的分度值仍然是 0.01 mm。在滑台靠主尺边上刻有一条读取主尺刻度值的基线;紧靠鼓轮边的导轨座上也刻有一条读取副尺刻度值的基线。旋转测微鼓轮时,测微螺杆就带动滑台在导轨上移动;调节镜筒旁的调焦手轮可使目接镜筒上下移动。在与镜筒轴线平行的方向上装有镜筒上下位置的读数标尺,在物镜端装有可拆卸的半反镜组,可用于牛顿环或劈尖等实验,底座中央装有反光镜,可调节显微镜视场中的明暗程度。读数显微镜的各部件安装在底座上。

五、任务与要求

(1)用自准直法或共轭法分别测出两个透镜的焦距,并确定物镜和目镜的组成。

(2)在光学平台上搭建望远镜,观察并分析其成像规律。

(3)画出光路图,并测定计算所组装望远镜的视觉放大率,并与参考望远镜相比较。

(4)根据成像规律确定显微镜各部件的作用、安装及调试。

(5)根据像的视高法使用读数显微镜设计测量透明介质的折射率的实验操作方案。

(6)根据实验数据求出玻璃砖的折射率。

（7）制作数据记录表，记录相关实验数据，并通过测量找出产生误差的原因，并设法避免或减小。

六、注意事项

（1）不要用手指触摸望远镜和显微镜的镜片，以免弄脏或划伤镜面；必须保护好镜头，不用手或硬物接触透镜，擦拭镜头一定要用镜头纸。

（2）装配望远镜时，只能拿透镜边上没有磨光的部分；组装过程中，玻璃部件要轻拿轻放，以免损坏；旋转螺丝时不应用力过猛，以免压碎光学部件。

（3）取用显微镜要轻拿轻放，要用右手握住镜臂，左手托住镜座；载物台要保持清洁干燥，不要让玻片标本上的水流到载物台上；先用低倍镜观察，用低倍镜能看清的，就不再用高倍镜，特别是高倍物镜；使用完毕，要把显微镜外表擦干净，并把镜筒旋至最低处；最后把显微镜放入镜箱，送回原处保存。

（4）不同型号的读数显微镜结构不尽相同，使用前应当仔细阅读使用说明书，只用单眼从目镜端观察视场，应首先调节目镜，使读数叉丝清晰，不出现视差（眼睛稍微移动，叉丝仍很清晰）。观测前，转动显微镜调焦手轮使物镜靠近待测物（用压片固定在底座上），眼睛需从镜筒外面注视显微镜物镜的位置，应避免物镜与待测物相碰；当眼睛从目镜中观察待测物，转动手轮调节物镜与待测物之间的距离时，只许物镜沿离开待测物方向慢慢移动，不可反旋手轮，以免不小心使物镜与待测物接触挤压，损伤镜头和待测物。

七、思考与讨论

（1）测量用的望远镜和普通望远镜有何不同？调焦时的操作规定是什么？

（2）对于在光学平台上搭建的望远镜，如何调节焦距以获得清晰的像？在自准直法测焦距的实验中，当透镜从远处移近物屏时，为什么能在物屏上出现两次成像？哪一个才是透镜的自准像，如何判断它？

（3）使用显微镜时，为什么在下降镜筒时眼睛要从旁边注视物镜？在显微镜下看到写在透明玻片上的是"F"，看到的像是什么？玻片标本移动方向跟像移动方向是相同还是相反？

（4）提高显微镜和望远镜放大率有哪些可能的途径？指出显微镜和望远镜结构上的异同。

（5）调节读数显微镜时有哪些要求？如何消除读数显微镜的视差？读数显微镜的读数原理与千分尺相同，那么读数显微镜是否也存在零点读数误差的情况？试分析原因（必要时画简要说明图）。

第六章

创新和趣味物理实验

实验31　希罗喷泉

　　希罗喷泉是古代欧洲科学家希罗发明的,通过巧妙设计,利用液面落差,产生压力,形成"自压自喷"的有趣现象。喷泉的喷射高度与出射口液体的流速直接相关。影响希罗喷泉出口处液体流速的因素有哪些呢? 如何获得一个喷射高度较高的希罗喷泉? 请思考影响希罗喷泉喷射高度的因素,然后设计制作一个希罗喷泉。

一、实验目的

　　(1)掌握希罗喷泉的原理。
　　(2)探究影响希罗喷泉喷射高度的影响因素。

二、预习要点

　　(1)连续性方程和伯努利方程。
　　(2)希罗喷泉的原理。
　　(3)影响希罗喷泉喷射高度的因素。

三、实验仪器

　　500 mL、1.25 L、2 L带瓶盖的矿泉水瓶子各两个,橡胶导管若干,不同内径的吸管若干,一次性塑料碗若干,胶枪,胶棒,胶带。

四、实验原理

　　图31-1是希罗喷泉的一种典型结构。以此结构为基本模型,可以推导出喷泉高度 h_3。先对模型做以下假设:
　　(1)瓶中液体为理想流体(无黏性,不可压缩)。
　　(2)喷射高度不受空气阻力影响。
　　(3)水槽截面积为 S_1,两个柱体瓶也有相同截面积 S_2,进水管与喷出口的截面积同

为 S_3。

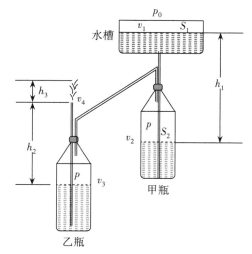

图31-1 希罗喷泉的典型结构

忽略空气阻力及下落的液体对出射液柱高度的影响,喷射高度为:

$$h_3 = \frac{v_4^2}{2g} \tag{31-1}$$

由连续性方程和伯努利方程可得:

$$v_3 S_2 = v_4 S_3 \tag{31-2}$$

$$p_0 + \rho g h_2 + \frac{1}{2}\rho v_4^2 = p + \frac{1}{2}\rho v_3^2 \tag{31-3}$$

联立式(31-1)、(31-2)、(31-3)可得:

$$h_3 = \frac{p - p_0 - \rho g h_2}{\rho g \left(1 - S_3^2/S_2^2\right)} \tag{31-4}$$

由式(31-4)可知,当瓶内空气压强 p 越高、乙瓶内的水位越高,则液体喷射得越高。若初始甲、乙两瓶中的气体体积为 V_0,压强为 p_0,如果这一过程中无明显温度变化,则有:$p_0 V_0 = pV'$,其中 V' 为某时刻瓶子中空气的体积。因此,要使得乙瓶内压强增高,则甲瓶内的进水速度要大于乙瓶的出水速度。

考虑某一时刻的状态,水槽液面降低的速度为 v_1,甲瓶内液面升高速度为 v_2,则根据连续性方程和伯努利方程有:

$$v_1 S_1 = v_2 S_2 \tag{31-5}$$

$$p_0 + \frac{1}{2}\rho v_1^2 = p + \rho g h_1 + \frac{1}{2}\rho v_2^2 \tag{31-6}$$

联立方程,可以解得:

$$v_2 = \sqrt{\frac{2\left(p - p_0 + \rho g h_1\right)}{\rho\left(S_1^2/S_2^2 - 1\right)}} \tag{31-7}$$

由式(31-7)可知增高 h_1 可以增大 v_2。

五、实验步骤

(1)利用所提供的实验器材绘制设计草图。

(2)根据设计草图制作希罗喷泉。

(3)利用所制作的希罗喷泉探究1~2个影响希罗喷泉喷射高度的因素。

六、实验数据与结果

自拟表格记录实验步骤(3)中的数据,并进行分析。

七、注意事项

(1)制作仪器时,要注意接口处的密封性,以保证实验顺利进行。

(2)实验结束,应擦干桌面上的水渍,保持桌面干净整洁。

八、思考与讨论

(1)尝试分析希罗喷泉的动力学过程。

(2)简述你所探究的因素是如何影响希罗喷泉的喷射高度的。

(3)提出2种改进希罗喷泉的方案。

实验32 动量守恒定律的验证

动量守恒定律是三大守恒定律之一,也是自然界最基本、最普遍的规律之一。动量守恒定律不仅适用于宏观物体的低速运动,也适用于微观物体的高速运动。小到微观粒子,大到宇宙天体,只要满足守恒条件,就适用动量守恒定律。本实验要求同学们使用所提供的器材,自行设计实验方案去验证动量守恒定律。

一、实验目的

(1)掌握动量守恒定律成立的条件。
(2)验证动量守恒定律。

二、预习要点

(1)动量守恒定律及其成立条件。
(2)气垫导轨的结构与使用。

三、实验仪器

气垫导轨、磁悬浮、光电计时器、天平、等质量滑块(两个)、不等质量滑块(各一个)、带细线的小球(等质量的两个,不等质量的各一个)、天平、铁架台、量角器、斜槽、小球(等质量的两个)、平抛装置。

四、实验原理

如果某一力学系统不受外力,或外力的矢量和为零,则系统的总动量保持不变,这就是动量守恒定律。本实验利用气垫导轨上两个滑块的碰撞来验证动量守恒定律。在水平导轨上,滑块与导轨之间的摩擦力可以忽略不计,两个滑块在碰撞时除受到相互作用的内力外,在水平方向不受外力的作用,因而碰撞的动量守恒。如 m_1 和 m_2 分别表示两个滑块的质量,以 v_{10}、v_{20}、v_{10}'、v_{20}' 分别表示两个滑块碰撞前后的速度,则由动量守恒定律可得:

$$m_1 v_{10} + m_2 v_{20} = m_1 v_{10}' + m_2 v_{20}' \qquad (32\text{-}1)$$

下面分情况来进行讨论：

1. 完全弹性碰撞

弹性碰撞的特点是碰撞前后系统的动量守恒，机械能也守恒。如果在两个滑块相碰撞的两端装上缓冲弹簧，在滑块相碰时，由于缓冲弹簧发生弹性形变后恢复原状，系统的机械能基本无损失，两个滑块碰撞前后的总动能不变，为：

$$\frac{1}{2} m_1 v_{10}^2 + \frac{1}{2} m_2 v_{20}^2 = \frac{1}{2} m_1 v_{10}'^2 + \frac{1}{2} m_2 v_{20}'^2 \qquad (32\text{-}2)$$

由式（32-1）和式（32-2）联合求解可得：

$$\left. \begin{array}{l} v_{10}' = \dfrac{(m_1 - m_2)v_{10} + 2m_2 v_{20}}{m_1 + m_2} \\[3mm] v_{20}' = \dfrac{(m_2 - m_1)v_{20} + 2m_1 v_{10}}{m_1 + m_2} \end{array} \right\} \qquad (32\text{-}3)$$

在实验时，若令 $m_1 = m_2$，两个滑块的速度必交换。若不仅 $m_1 = m_2$，且令 $v_{20} = 0$，则碰撞后 m_1 滑块变为静止，而 m_2 滑块却以 m_1 滑块原来的速度沿原方向运动起来。这与公式的推导一致。

若两个滑块质量 $m_1 \neq m_2$，仍令 $v_{20} = 0$，则：

$$v_{10}' = \frac{(m_1 - m_2)v_{10}}{m_1 + m_2}$$

$$v_{20}' = \frac{2m_1 v_{10}}{m_1 + m_2} \qquad (32\text{-}4)$$

实际上完全弹性碰撞只是理想的情况，一般碰撞时总有机械能损耗，所以碰撞前后仅是总动量保持守恒，当 $v_{20} = 0$ 时：

$$m_1 v_{10} = m_1 v_{10}' + m_2 v_{20}' \qquad (32\text{-}5)$$

2. 完全非弹性碰撞

在两个滑块的两个碰撞端分别装上尼龙搭扣，碰撞后两个滑块粘在一起以同一速度运动就可视为完全非弹性碰撞。若 $m_1 = m_2$, $v_{20} = 0$, $v_{10}' = v_{20}' = v$，由式（32-1）得：

$$v = \frac{1}{2} v_{10} \qquad (32\text{-}6)$$

若 $m_1 \neq m_2$，仍令 $v_{20} = 0$，则有：

$$v = \frac{m_1}{m_1 + m_2} v_{10} \qquad (32\text{-}7)$$

3. 恢复系数和动能比

碰撞的分类可以根据恢复系数的值来确定。所谓恢复系数就是碰撞后的相对速度和碰撞前的相对速度之比，用 e 来表示：

$$e = \frac{v'_{20} - v'_{10}}{v_{10} - v_{20}} \tag{32-8}$$

若$e=1$，即$v_{10} - v_{20} = v'_{20} - v'_{10}$是完全弹性碰撞；若$e=0$，即$v'_{20} = v'_{10}$是完全非弹性碰撞。此外，碰撞前后的动能比也是反映碰撞性质的物理量，在$v_{20}=0$，$m_1=m_2$时，动能比为：

$$R = \frac{1}{2}(1 + e^2) \tag{32-9}$$

物体做完全弹性碰撞时，$e=1$则$R=1$（无动能损失）；物体做非弹性碰撞时，$0<e<1$，则$\frac{1}{2}<R<1$。

五、实验步骤

（1）利用所提供的实验器材设计一个实验方案去验证动量守恒定律。
（2）推导并阐述你所设计的实验原理。
（3）计算′   计的实验的恢复系数。

六、   果

（1）自拟表
（2）计算恢复系

七、注意事项

（1）气垫导轨没有供气时，不能将滑块放置在导轨上或推动滑块，防止划伤轨面和滑块。
（2）实验结束后要取下滑块，盖上布罩。

八、思考与讨论

（1）为了验证动量守恒定律，应如何保证实验条件减少测量误差？
（2）分析你所设计的实验的优点和不足。

实验33　人体皮阻皮温的测量

与心率、血压一样,人体的皮阻和皮温也是临床上重要的生理指标。实验证明,汗腺活动是影响皮阻皮温的主要原因,而汗腺活动是受体内外温度和人的心理活动影响的,人的生理和心理反应性泌汗是受交感神经所支配的,因此,皮肤的电阻和温度可以作为交感神经活动的重要指标。在心理学上,人体的皮阻皮温可用于评价情绪唤起水平。掌握皮阻皮温的概念,理解皮阻皮温与情绪的关系,可以帮助我们理解皮肤电测试仪、生理电导仪、多参数生物反馈仪、测谎仪和事件相关电位系统等仪器的工作原理。

一、实验目的

(1)学会测量人体的皮阻与皮温。
(2)理解情绪影响人体皮阻、皮温的机制。

二、预习要点

(1)皮阻和皮温的概念。
(2)皮阻、皮温与人体情绪的关系。
(3)皮阻皮温测试仪的结构和使用方法。

三、实验仪器

EP605型数字式皮阻皮温计、酒精棉球、盐水棉球、秒表。

四、实验原理

人在受到刺激时情绪会发生变化,表现为内心的主观感受、外部的行为和生理指标发生改变。人的生理指标有几十种,与情绪变化有显著关系的有皮肤的电阻(简称皮阻)、皮肤的温度(简称皮温)、脉搏、呼吸和脑电等。在这些生理指标中,皮阻和皮温是比较容易测量的两个指标。

把一个弱电源与电流计串联,把串联电路的两端通过电极接在人体的两前臂上,与人体形成一个回路。当用光或声音刺激人体时,可以发现皮肤表面的电阻降低,电流变大,生理学上把这种现象称为费里效应。当人体受到刺激的时候,大脑会产生一系列的神经活动,引起皮肤内血管的收缩或扩张,受交感神经支配的汗腺会关闭或分泌汗液。汗液中含有电解质,会改变皮阻的大小。人在睡眠状态下,活动性能弱,皮阻较大,一旦觉醒,汗液增多,皮阻会马上降低。另外,当环境温度高时,皮肤需要散热,会分泌很多汗液,此时的皮阻也会变小。

人类的手掌被认为是精神性出汗区,其汗腺功能与身体其他部位的体温调节出汗不同,主要对精神性活动或感觉刺激反应敏感。所以人的手掌特别能反映人的唤醒水平,当然它们也参与人体的体温调节。实验时可以通过快速阅读和快速握、放拳头来产生刺激。

实验的主要仪器是EP605型数字式皮阻皮温计,它由万用表、皮阻测试器和皮温测试笔三部分组成,其结构如图33-1(a)、(b)和(c)所示。

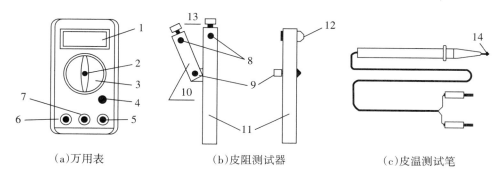

（a）万用表　　　　　　　　（b）皮阻测试器　　　　　　　（c）皮温测试笔

1.LCD显示窗;2.数据保持选择按键;3.量程开关;4.晶体管插座;5.公共输入端;6.10 A输入端;7.其余测量输入端;8.表棒插入孔;9.调节紧固螺帽;10.活动臂;11.手柄;12.探点;13.万用表表棒固定螺帽;14.探头

图33-1　皮阻皮温测试仪

实验时,每组至少安排两人,其中一人为测试者,另一人为受试者。测量皮阻时,用橡胶皮套把皮阻测试器两臂上的探点固定在左手食指第2指节和第3指节中心。测量皮温时,测温探头应与左手食指皮肤垂直,靠自身重力紧密接触手指皮肤,此时皮肤呈轻度凹陷。如果用力压测温探头,探头与皮肤接触面积变大,测量的是接近体核的温度,因此,测皮温时不需要按压探头。

让受试者闭上眼睛,保持平静,充分休息。当皮阻皮温测试仪读数趋于稳定时,记录此时的读数,定义为皮阻(或皮温)的基础值。继而让受试者快速阅读,在读完第一句后稍作停顿,此时的读数定义为读题始值。持续快速阅读1分钟后,让受试者快速握、放右手拳头2分钟,并在第60秒和90秒时向受试者报时,以增加对受试者的刺激。分别定义握放开始时、1分钟时和结束时的读数为开始值、1分钟值和结束值。此后让受试者停止握放并休息5分钟,依次记录休息期间第一、二、三、四分钟时的读数。通过对以上数据的分析,即可了解情绪变化对人体皮阻和皮温的影响。

五、实验步骤

(1)将万用表的两表棒插入皮阻测试器的表棒插入孔并固定。

(2)用75%医用酒精对被试者左手食指进行脱脂,待皮肤表面酒精蒸发后,在皮肤测试处薄薄地涂一层导电液(盐水)。

(3)将皮阻测试器两探点分别放置于左手食指掌面第2、3指节中心,并用橡胶皮套将探点与手指固定。

(4)打开万用表电源开关,量程选择20 MΩ。保持实验室内安静,受试者坐好,闭眼休息,10分钟后读出基础值。

(5)让受试者快速阅读1分钟,阅读第一句后测出读题始值。

(6)让受试者快速握放右手拳头2分钟,分别在60秒和90秒时向受试者报时。记录开始值、1分钟值和结束值。

(7)让受试者休息5分钟,依次读取第一、二、三和四分钟时的数据。将以上测得的数据填入表中。

(8)将皮温测试笔的黑色插头插入万用表的COM插口,红色插头插入"℃"插口。将万用表的量程开关旋转至"℃"的符号处。

(9)重复步骤(2),并将皮温测试笔测温探头竖立于左手食指上。

(10)重复步骤(5)~(7),记录各个时刻的皮温,填入表中。

(11)测试者和受试者交换角色,重复测量皮阻和皮温。

六、实验数据与结果

自拟表格,记录不同时间的皮阻和皮温值,并描绘出皮阻和皮温随时间的变化曲线。

七、注意事项

(1)测量皮温时,不能用力按压测温探头,只需依靠其自身重力与手指皮肤接触即可。

(2)实验过程中,应保持环境安静,避免其他刺激影响实验结果。

八、思考与讨论

(1)在同样情况下对同一被试者,使用EP605型数字式皮阻皮温计测皮肤电阻时,探点与皮肤间压力不同,测量的阻值会相同吗?应如何控制?

(2)进行皮温测试时,有无必要使测温探头深触皮肤?为什么?

实验34　电磁小车

　　实验利用电池以及钕铁硼磁铁,制成磁动力小火车,并让小火车在铜线制成的螺线管"轨道"内运动。本实验展示了电磁驱动的基本原理,可以证明驱动电磁小火车运动的力是通电螺线管与磁铁之间的磁相互作用力。请尝试分析诸如铜线粗细、螺线管匝数密度、铜丝直径、电池种类等参数对电磁小火车速度的影响。

一、实验目的

(1)了解通电线圈中的磁场分布。
(2)探究影响电磁小车前进速度的因素。

二、预习要点

(1)电磁小车的结构。
(2)电磁小车的驱动原理。

三、实验仪器

裸铜丝20 m、圆形钕铁硼磁铁4个、五号电池1节。

四、实验原理

1. 材料与装置

　　如图34-1所示,整个装置是用铜丝绕制成的直径略大于钕铁硼磁铁的螺线管,将磁铁按照一定的极性吸合在电池两极。

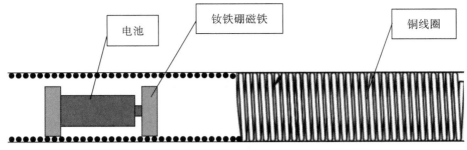

图34-1　电磁小车

2. 驱动原理

当磁铁接触铜线圈时,让线圈通过电流,形成一个通电螺线管。若螺线管电流流向如图34-2所示,则会在螺线管内部激发一个自左向右的磁场,当电池两极的磁铁如图放置时,右边磁铁受到一个向右的引力,而左边磁铁受到一个向右的斥力,若这两个力的合力大于磁铁与螺线管的摩擦力,电池与磁铁组合成的"小车"将在螺线管内部向右运动。

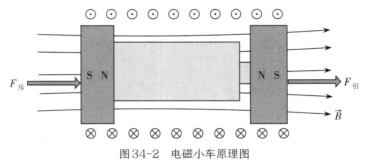

图34-2　电磁小车原理图

3. 估算电磁小车的运动速度

假设铜线圈制成的是一条直线状轨道。初始时,当小车所受驱动力大于磁铁与铜线圈的最大静摩擦力时,小车获得加速度,开始运动。当小车运动时,线圈内的磁通量发生变化,激发的感应电流所产生的磁场会阻碍小车运动,且小车速度越快,磁通量变化越快,感应电流越大,该磁阻力就越大。因此,这一阶段,磁力小车将做加速度不断变小的变加速直线运动。当磁驱动力、磁阻力及摩擦力合力为零时(忽略空气阻力对小车影响),加速度为零,此时小车速度达到最大值。

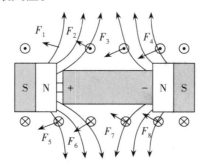

图34-3　磁铁附近导线所受安培力示意图

小车所受驱动力近似如图34-3所示,若磁铁如图吸合,则磁铁附近每匝导线所受安培力可写作:

$$\vec{F}_{合力} = \sum_i \vec{F}_i = \sum_i (I\mathrm{d}\vec{l} \times \vec{B}_i) \qquad (34-1)$$

其中,I为线圈中的电流强度,B_i为每匝线圈处的磁感应强度。由对称性分析可知,竖直方向的分力相互抵消,最终的效果是铜线圈受到水平向右的合力,可近似写作:

$$F_{合力} = \sum_i F_i \cos\theta_i = \sum_i 2\pi r I B_i \cos\theta_i = 2\pi r I B_e \qquad (34-2)$$

其中θ_i是每匝线圈所受安培力与水平方向的夹角(图中未标出),r为线圈的半径,$B_e = \sum_i B_i \cos\theta_i$。根据牛顿第三定律,电磁小车的驱动力$F_D$与线圈所受安培力是一对相互作用力。

小车所受阻力主要来自感应电流的磁阻力与摩擦阻力。感应电动势可以近似写作:

$$E_{\text{induction}} = -\frac{\mathrm{d}\Psi}{\mathrm{d}t} = -\frac{\sum_i B_i \pi r^2 \cos\alpha_i}{\mathrm{d}t} \approx \frac{\pi r^2 v}{l} \sum_i B_i \cos\theta_i = \frac{\pi r^2 v}{l} B_e \qquad (34-3)$$

其中,Ψ为线圈磁链,l为小车长度,v为小车速度,$\mathrm{d}t \approx l/v$,α为每匝线圈处的磁感应强度与线圈平面法线方向(水平方向)的夹角,此夹角与式(34-2)中的θ相同。

则线圈中的电流强度I可表示为:

$$I = \frac{E_{\text{battery}} - E_{\text{induction}}}{R_c + R_b} = \frac{E_{\text{battery}} - E_{\text{induction}}}{R_{\text{tot}}} \qquad (34-4)$$

其中,E_{battery}、R_c、R_b、R_{tot}分别为电池电动势、线圈电阻、电源内阻以及等效总电阻。

小车所受摩擦阻力为μmg,其中μ为小车与铜线圈之间的滑动摩擦因素,m为小车总质量,g为重力加速度,则小车的加速度可由下式求得:

$$F_D - \mu mg = ma \qquad (34-5)$$

小车放入轨道后,从静止开始加速,随着小车速度加快,感应电动势增大,驱动力F_D减小。当$a=0$时,小车有最大速度。联立式(34-2)、(34-3)、(34-4)、(34-5)可以得到$v_{\max}$的表达式:

$$v_{\max} = \frac{l}{\pi r^2 B_e}\left(E_{\text{battery}} - \frac{\mu mg R_{\text{tot}}}{2\pi r B_e}\right) \qquad (34-6)$$

从上式中可以发现影响小车速度的因素比较复杂,包括小车的几何形状、磁铁磁性的强弱、电源电动势、电池内阻及铜线电阻、铜线圈的几何性质(如疏密、半径)以及小车与铜线圈之间的摩擦性能等。

五、实验步骤

(1)利用所提供的实验器材制作电磁小车。

(2)分析电磁小车的动力来源。

(3)设计实验,探究1~2个影响电磁小车前进速度的可能因素。

六、实验数据与结果

自拟表格记录实验步骤(3)中的数据,并进行分析。

七、注意事项

(1)绕制轨道(铜线圈)要保持每匝直径一致,并略大于磁铁直径,以保证小车可在轨道内平滑运动。

(2)相邻两匝线圈间距不宜过大,至少要小于磁铁厚度,使运动中的磁铁始终可以与轨道充分接触。

(3)若要多根轨道拼接成较长的轨道时,要保证每一条轨道的绕制方向一致。

八、思考与讨论

(1)实验中的轨道是否可以用漆包线或铁丝来制作?铝丝呢?

(2)如果要将多个轨道连接成一个较长轨道,这些轨道的绕制方向任意吗?为什么?

(3)如何提高电磁小车的运动速度?请分析说明。

实验35　离子的扩散与蜃景

离子在溶液中的扩散是溶液的一项基本性质,这是由于离子的热运动而产生的一种物质迁移现象。迁移的主要动力来自离子的浓度差。研究离子的扩散,一直是化工、建筑等领域的重要课题。离子的扩散运动无法用肉眼观察,本实验通过激光在梯度溶液中的连续折射,来间接反映离子的扩散运动。

一、实验目的

(1)理解梯度溶液的概念,掌握梯度溶液的配制。
(2)理解蜃景现象的物理原理。
(3)测量梯度溶液上表面的移动速率。

二、预习要点

(1)离子扩散演示仪的结构和使用。
(2)梯度溶液的配制方法。

三、实验仪器

离子扩散演示仪、万用表、水桶、保鲜膜、软管。

四、实验原理

1. 光的折射

光在均匀介质中是直线传播的。在传播过程中,如果碰到其他介质,就会发生折射。如图35-1所示,自上而下有三种浓度不断增加的盐水溶液。因为盐水溶液的折射率与其浓度有简单的线性关系,所以它们的折射率 n 也不断增加,即 $n_1 < n_2 < n_3$。当一束光从淡盐水射入盐水时,光线第一次向竖直方向偏折;当光线从盐水进入浓盐水时,会进一步向竖直方向偏折,因此 $\theta_1 > \theta_2 > \theta_3$。

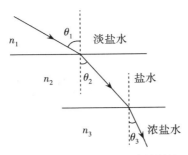

图35-1　光在多种介质中的折射

2. 梯度溶液的配制

如图35-2所示,在金属底座上固定了一个有机玻璃做成的透明水槽。水槽的背后,安装了一支丝杆,一个U形支架安装在丝杆上,旋转丝杆顶部的旋钮,可以使U形支架上下移动。激光光源和硅光电池安装在U形支架的左臂和右臂上,两者等高。

1.丝杆;2.U形支架;3.激光光源;4.底座;5.水槽;6.硅光电池;7.万用表;8.水龙头
图35-2　离子扩散演示仪

在水槽内倒入约三分之一容积的清水和3 kg氯化钠,充分搅拌使氯化钠溶解。在氯化钠溶液上面铺上一层保鲜膜,用虹吸的方法,在保鲜膜上缓缓注入清水。因为保鲜膜的阻挡,清水的注入不会扰动底部的氯化钠溶液。将上浮的保鲜膜抽走,此时从侧面近距离观察,可发现氯化钠溶液和清水的分界面,溶液的结构如图35-3(a)所示。

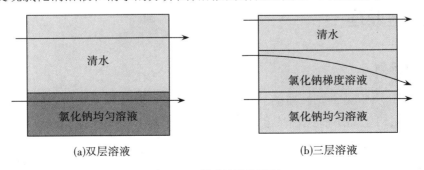

(a)双层溶液　　　　　　　　　　(b)三层溶液

图35-3　梯度溶液的配制

静置溶液一段时间,让底层氯化钠溶液中的离子向上扩散。此后,溶液的结构如图35-3(b)所示。底部是氯化钠均匀溶液,上层是清水,中间层是自下而上浓度不断减小的氯化钠梯度溶液。因为氯化钠溶液的折射率与浓度有简单的线性关系,所以中间层梯度溶液的折射率是自下而上不断减小的。如果溶液静置时间足够长,底部的氯化钠离子扩散到清水层后形成均匀的氯化钠稀溶液。

3. 蜃景

如图35-3(b)所示,当激光从水槽左侧水平射入上层清水或底层氯化钠均匀溶液时,光线是直线传播的,当激光从左侧水平射入氯化钠梯度溶液时,光线连续折射,是弯曲传播的。如图35-4所示,在特定气候条件下,沙漠或海边上空的大气浓度会呈连续变化,大气的折射率也相应地连续变化。当光线进入这样的大气后会发生连续折射,弯曲传播。而人脑潜意识里总认为光是直线传播的,所以会在大气上空看到地上景物的虚像,这种现象称为蜃景。同理,在水槽的一侧通过梯度溶液观察另一侧的物体,也会在物体上方看到一个物体的虚像。

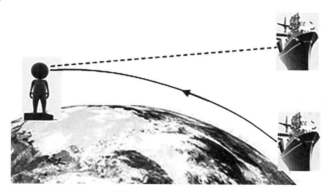

图35-4 蜃景光路图

4. 梯度溶液上表面的移动速率

当U形支架从上往下移动时,从水槽正面可看到光线在清水层中直线传播,穿过清水后进入右侧的硅光电池,硅光电池接收光能产生光电流,万用表上能检测到几百微安的电流。当U形支架继续往下,在氯化钠梯度溶液的上表面时,光线开始弯曲传播,向右射出水槽后,不能进入硅光电池,万用表上电流为零。电流从有到无发生突变的地方,就是梯度溶液的上表面的位置。随着离子不断向上扩散,梯度溶液的上表面会不断上移,这种现象间接地演示了离子的扩散运动。测出不同时刻梯度溶液上表面的位置,即可求出其向上扩散的速率。

五、实验步骤

(1)在水槽中倒入三分之一容积的清水,加入3 kg氯化钠,充分搅拌使其溶解。

（2）在氯化钠溶液上方铺一层保鲜膜，然后缓缓地注入清水至水槽的三分之二容积，并轻轻地抽走浮在上面的保鲜膜。

（3）打开激光电源开关，让光线通过清水后射向硅光电池。读出万用表上光电流的大小，并记录。

（4）旋转丝杆顶部的旋钮，使U形支架从清水层往下移动，观察激光在溶液中的光路和万用表中电流的变化。

（5）让溶液静置10分钟后，从水槽的一侧观察另一侧的物体所成的虚像。

（6）再次让U形支架从清水层往下移动，观察激光光路和万用表上的电流。当电流突变为零时，记下U形支架所在的高度，并记入表中。

（7）每隔3分钟重复步骤（6），共记录10组数据。

（8）计算梯度溶液上表面的上移速率。

六、实验数据与结果

记录激光直线传播时，光电流I的大小，自拟表格记录实验步骤（7）中的数据，并用合适的方法处理数据，计算出梯度溶液上表面的上移速率。

七、注意事项

（1）配制梯度溶液向保鲜膜上注清水时，宜采用虹吸的方法缓慢注入，避免扰动保鲜膜下方的盐水溶液。

（2）应缓慢向下旋转丝杆，以找到梯度溶液的上表面。

（3）实验结束后，应倒光水槽中的盐水溶液，并用清水清洗水槽，以免盐水腐蚀金属部件。

八、思考与讨论

（1）沙漠上空和海边的蜃景现象的原理一样吗？

（2）为什么内陆地区不易看到蜃景现象？

（3）离子扩散演示仪还可测量离子的扩散系数，请用菲克定律推导测量离子扩散系数的表达式。

实验36　影响激光监听效果的因素探究

激光方向性好,能量集中,在军事上可用于信息监听。激光监听不需要到被监听场所安装窃听装置,也不容易被对方发现,因此受到了各国情报部门的青睐。但监听效果会受到很多因素影响,如何提高监听效果一直是近些年的研究热点。

一、实验目的

(1)了解激光的特性,掌握激光监听的原理。
(2)掌握光斑在硅光电池上的位置对监听效果的影响。
(3)掌握激光入射角对监听效果的影响。
(4)掌握监听距离对监听效果的影响。
(5)掌握环境光照强度对监听效果的影响。

二、预习要点

(1)激光的性质。
(2)激光监听的原理。
(3)影响激光监听效果的因素。

三、实验仪器

LCM-1型激光监听演示仪、光强测试仪、收音机。

四、实验原理

人在房间内讲话,会引起空气的振动,产生声波。当声波到达窗户玻璃时,会引起玻璃的振动。这种振动是非常微弱的,人的肉眼是观察不到的。如图36-1(a)所示,室外一束激光照射在玻璃上,假设某一时刻玻璃在位置A处,入射光经玻璃反射后照射在硅光电池的C处。调节硅光电池的位置,使反射光的光斑仅部分落在硅光电池上。硅光电池接收光能后,可以将光能转化为电流,电流的大小与落在硅光电池上的光的强度成正比。对于同一个光斑,电流的大小与落在硅光电池上的光斑面积成正比。如果 t 时刻因声音的振动,玻璃的位置发生了微小的变化,由 A 处振动到 B 处,就会使反射光发生偏移。如图 36-1(b)所示,落在硅光电池上的光斑面积随之发生变化,从而引起硅光电池上光电流的变化。对硅光电池产生的电流信号进行放大、降噪后输送到播放器,就可以还原出房间内讲话的声音。

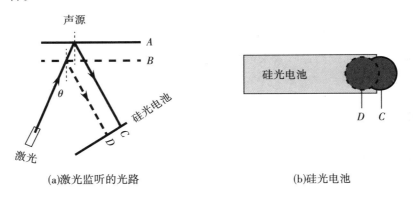

(a)激光监听的光路   (b)硅光电池

图 36-1 激光监听的原理

在监听过程中,声音信号首先转换为玻璃的振动信号,然后引起激光反射光的同步偏移,使反射光落在硅光电池上的面积发生变化,相应的光电流随之改变,最后光电流转换为声音信号。在这个过程中,主要利用了激光在传输过程中不易分散的特点。

激光光斑在硅光电池上的位置会影响监听效果。玻璃的振动是非常微弱的,激光反射光的偏移是不明显的,肉眼不能区分光斑在硅光电池上的位置变化。在图 36-1(b)中,假设光斑没有反射在硅光电池上,光电流为零,播放器就不能还原声音信号;假设整个光斑都落在硅光电池上,激光发生偏移后,光电流的大小没有发生变化,播放器也不能还原声音;只有当部分光斑落在硅光电池上时,声音信号才能改变光电流的大小,播放器才能还原出声音。理论上,当圆形光斑的一半面积落在硅光电池上时,硅光电池接收到的光能变化最为明显,监听效果最好。

监听距离会影响监听的效果。激光不易发散,但还是存在微弱的发散性。如果监听距离过远,照射在硅光电池上的光斑面积大,单位面积上的能量小,监听效果就差。如果监听距离过近,照射在硅光电池上的能量过于集中,硅光电池接收的能量容易饱和,光电流中交流成分少,监听效果也会不好。合适的监听距离可以使硅光电池接收到的光能量变化明显,达到最佳的监听效果。

激光射向玻璃的入射角也会影响监听的效果。当入射角大时,照射在硅光电池上的光斑面积大,单位面积上的能量小;当入射角小时,光斑面积小,能量集中,硅光电池接收的光能量也容易达到饱和。因此,要得到最佳听监听效果,还需要有合适的激光入射角。

在一定范围内,环境光照强度不会影响激光监听效果。一般情况下,与发散性小、能量集中的激光相比,环境中自然光的强度并不大。当自然光照射在硅光电池上,硅光电池接收到的光能量增加,光电流的直流部分变大。只要环境光照强度不变,光电流的交流成分是不会受影响的。如果环境光照强度特别大,让硅光电池饱和,或光照强度发生突变,则会影响监听效果。

五、实验步骤

(1)连接收音机与被监听机箱。

(2)激光器接上电源,使激光器发出可见激光。调节激光器高度和角度,让激光束照射在被监听机箱的平面镜上。

(3)调节激光器发光处的直纹螺母和水平调节旋钮,使激光光斑为最小。

(4)调节硅光电池在铁架台上的高度和铁架台在桌面上的位置,使激光的反射光照射在硅光电池上。

(5)连接硅光电池和光通信接收实验仪,敲击被监听机箱,使光通信接收实验仪的扬声器发出敲击声,判断线路连接是否完好。

(6)调整激光入射角为75°,监听距离保持5 m。打开收音机,移动铁架台,改变反射光斑在硅光电池上的位置,根据监听效果,探究光斑在硅光电池上的位置对监听效果的影响。

(7)保持监听距离5米,改变激光束的入射角,并调整铁架台的位置,始终保持反射光斑的一半落在硅光电池上。根据监听效果,探究入射角对监听效果的影响。

(8)保持激光入射角为75°,移动铁架台,改变监听距离,并始终保持反射光斑的一半落在硅光电池上。根据监听效果,探究监听距离对监听效果的影响。

(9)利用实验室的窗帘和日光灯,改变环境光照强度。用光强测试仪测出环境光照强度,探究环境光照强度对监听效果的影响。

六、实验数据与结果

(1)自拟表格记录实验步骤(6)中的数据,分析光斑位置对监听效果的影响。

(2)自拟表格记录实验步骤(7)中的数据,分析激光入射角对监听效果的影响。

(3)自拟表格记录实验步骤(8)中的数据,分析监听距离对监听效果的影响。

(4)自拟表格记录实验步骤(9)中的数据,分析环境光照强度对监听效果的影响。

入射角 θ =75°,监听距离 L=5 m。

七、注意事项

(1)实验过程中,应避免激光直射人眼,避免伤害眼睛。

(2)实验过程中,不要碰撞桌子或仪器,避免硅光电池接收到的光能发生急变引起监听器啸叫。

八、思考与讨论

(1)人们讲话的声波能量很小,引起玻璃窗的振动是极微小的。为什么这种微小的振动能够在监听机上被还原成声音?

(2)改变激光束的聚集程度,对监听效果会有什么样的影响?

(3)不用激光,改用其他光源(如电灯光),也可用来窃听吗?

附表1　国际单位制的基本单位和辅助单位

	物理量名称	单位名称	单位符号
基本单位	长度	米	m
	质量	千克	kg
	时间	秒	s
	电流	安(培)	A
	热力学温度	开(尔文)	K
	物质的量	摩(尔)	mol
	发光强度	坎(德拉)	cd
辅助单位	平面角	弧度	rad
	立体角	球面度	sr

附表2　常用物理量、单位名称及符号

物理量名称	单位名称	单位符号	其他表示示例
频率	赫(兹)	Hz	s^{-1}
力,重力	牛(顿)	N	$kg \cdot m/s^2$
压强,应力	帕(斯卡)	Pa	N/m^2
能量,功,热	焦(耳)	J	$N \cdot m$
功率,辐射通量	瓦(特)	W	J/s
电荷量	库(仑)	C	$A \cdot s$
电势,电压,电动势	伏(特)	V	W/A
电容	法(拉)	F	C/V
电阻	欧(姆)	Ω	V/A
电导	西(门子)	S	A/V
磁通量	韦(伯)	Wb	$V \cdot s$
磁通量密度、磁感强度	特(斯拉)	T	Wb/m^2
电感	亨(利)	H	Wb/A
摄氏温度	摄氏度	℃	
光通量	流(明)	lm	$cd \cdot sr$
光照度	勒(克斯)	lx	lm/m^2

附表3　常用基本物理常数

名称	符号	数值	单位
真空中的光速	c	2.99792458×10^8	m/s
真空磁导率	μ_0	12.566371×10^{-7}	H/m
真空电容率	ε_0	8.854188×10^{-12}	F/m
普朗克常数	h	6.626075×10^{-34}	J·s
牛顿引力常量	G	6.6720×10^{-11}	N·m²/kg²
基本电荷常数	e	$1.6021892 \times 10^{-19}$	C
电子质量常量	m_e	9.109534×10^{-31}	kg
电子荷质比	e/m_e	1.7588047×10^{11}	C/kg
阿伏伽德罗常量	N_A	6.022045×10^{23}	mol⁻¹
法拉第常量	F	9.648456×10^4	C/mol
摩尔气体常量	R	8.31441	J/(mol·K)
玻尔兹曼常量	k	1.380662×10^{-23}	J/K
标准大气压	p_0	101325	Pa
冰点的绝对温度	T_0	273.15	K
声音在空气中的速度	$v_声$	331.46	m/s

附表4　20℃时部分金属的杨氏模量

金属名称	杨氏模量(10^9Pa)	金属名称	杨氏模量(10^9Pa)
铝	69~71	锌	80
钨	415	镍	205
铁	190~210	铬	240~250
铜	105~130	合金钢	210~220
金	79	碳钢	200~220
银	70~82	康铜	163

参考文献

[1]赵近芳,王登龙.大学物理学[M].北京:北京邮电大学出版社,2021.

[2]余虹.大学物理学[M].4版.北京:科学出版社,2017.

[3]东南大学等七所工科院校.物理学(上册)[M].6版.北京:高等教育出版社,2014.

[4]毛骏健,顾牡.大学物理学(上册)[M].3版.北京:高等教育出版社,2020.

[5]王少杰,顾牡,王祖源.大学物理学(上册)[M].5版.上海:同济大学出版社,2017.

[6]王少杰,顾牡,王祖源.大学物理学(下册)[M].5版.上海:同济大学出版社,2017.

[7]朱峰.大学物理学[M].3版.北京:清华大学出版社,2014.

[8]王铁云.大学物理实验教程[M].2版.北京:北京师范大学出版社,2017.

[9]李蓉.基础物理实验教程[M].北京:北京师范大学出版社,2007.

[10]沈元华,陆申龙.基础物理实验[M].北京:高等教育出版社,2003.

[11]沈韩.大学物理实验[M].北京:科学出版社,2024.

[12]《大学物理实验》编写组.大学物理实验教程[M].北京:北京邮电大学出版社,2018.

[13]杨国平,应航.物理学实验[M].北京:中国科学技术出版社,2007.

[14]金清理,黄晓虹.基础物理实验[M].2版.杭州:浙江大学出版社,2007.

[15]王新顺,王本阳.大学物理实验教程[M].北京:机械工业出版社,2021.

[16]朱鹤年.新概念物理实验测量引论:数据分析与不确定度评定基础[M].北京:高等教育出版社,2007